U0080871

提升財管力可以走捷徑，你又何必苦心繞遠路？

國際財報很好懂！

The Guide
to mastering IFRS

從財務基礎到新舊制IFRS

免痛苦學習、
省力還能立即上手的國際財報入門，
一本個人與企業護財的最佳指南。

何建達 博士、
胡國聞 博士／聯合編著

作者序

preface

　　財務報表係彙總企業活動的營運績效及結果，因企業活動的營運結果會表現在財務報表上，因此從中可以知道企業活動結果的好壞和原因。閱讀財務報表可以知道企業活動的結果，而分析財務報表則可以了解好壞的原因，同時亦可衡量企業的體質，以作為企業自己診斷及改善的參考。

　　今年（民國102年）台灣IFRS（國際會計準則）上路與世界接軌；對於IFRS新舊制財務報表有何變化？如何看懂財務報表及IFRS的重要性不容置疑，但卻少有人能對其有系統化地了解，進而運作得宜。況且坊間的此類書籍不多，更別奢求一套完整且實用的介紹了。那麼到底什麼是IFRS（國際會計準則）？財務報表與企業營運的關係是什麼？該如何閱讀與分析財務報表（IFRS）？對於IFRS的認知差異，以及企業該如何應對？都是本書將探討之議題。

　　本書各章都有『Case Learning』編撰，主要是以財經小故事的方式，結合當前財經局勢之發展，提供讀者們較輕鬆的調劑小品，冀盼能以『開卷有益』之心態，為讀者們提供更多財經時勢方面知識，也是本書規劃重點。最後本書撰寫之宗旨，係以實務角度為主軸，輔以理論的對照說明，務求以簡易、清晰之架構，提供初學者一個引導的輪廓。雖然本作者對於編寫力求謹慎，但還是無法避免百密一疏，尚祈各位讀者不吝賜教，以求盡善盡美編撰之理想。

　　　　　　　　　　　　　　　　　　何建達、胡國閣 謹識

作者簡介
i n t r o d u c e

何建達 教授 *Professor Chien-Ta Ho*

澳洲國立南澳大學企業管理博士，美國聖路易大學財務管理碩士。
專長領域為財務管理、績效評估、企業分析與評價等。

| 現任 |

國立中興大學科技管理研究所教授並兼任國立中興大學電子商務暨知識經濟研究中心
主任、《International Journal of Electronic Customer Relationship Management》
與《International Journal of Value Chain Management》兩個國際期刊總主編。

| 曾任 |

《Journal of Manufacturing Technology Management》、《International Journal of
Information Technology and Management》、《International Journal of Management
and Decision Making》等國際期刊客座主編、「2006第四屆供應鏈管理及資訊系統
國際學術研討會」（SCMIS 2006）大會主席。

| 優良事蹟 |

Emerald「最佳論文獎」、名列2007年「世界名人錄」（Who's Who in Science
and Engineering, 10th Anniversary Edition!）、中興大學「興大之光：特別貢獻獎、
服務績優教師獎」等。

| 主要著作 |

《Innovation and Technology Finance》、《Crisis Decision Making》、《財務管理，懂
這些就夠了》、《網路行銷與電子商務》、《紫牛學通訊科技管理》、《紫牛學工作控管》
等十五本專書，並在國內外知名研討會、期刊發表過100篇以上的論文（包含10篇
SSCI、8篇SCI及1篇TSSCI）

胡國聞 教授 *Professor K.B. Oh*

澳洲國立維多利亞大學企業管理博士，具有澳洲會計師執照、專業經理人背景，
在亞太地區擁有豐富的企業管理經驗。專長領域為財務管理、風險管理等。

| 曾任 |

澳洲國立拉羅普大學國際管理學院副院長暨MBA課程規劃主任

| 主要著作 |

《Applied Financial Econometrics in E-Commerce》、《China's Financial Markets》、
《Technology Finance》等，並在國際研討會、期刊發表過諸多論文。

The Guide to mastering IFRS

contents

Chapter 1　必備財務基礎概念

The Guide to mastering IFRS
contents

◀ *Chapter* **2** 如何閱讀財務報表

（**IFRS**準則）

The Guide to mastering IFRS

contents

· 財務報告採用IFRSs後之財務報表主要改變——現金流量表　138

2-5 業主權益變動表（Statements of Equity）　140
· 業主權益　144

2-6 從不同商業交易方式來了解財務報表　149

Chapter 3　新舊財務報表差異追追追

3-1 財務報表條文修正之重點　160
· IFRSs財報適用導入時程二階段　160
· 我國會計規定與國際會計準則之差異　161

3-2 合併報表　162

3-3 收入認列　164

3-4 產業實例（金融業、半導體業、電子通訊、營建業）　168
· IFRS與金融業　169
· IFRS與半導體產業　173
· IFRS與電子資訊通路產業　177
· IFRS對營建業造成的衝擊　181

The Guide to mastering IFRS
contents

 財務報表分析方式

Chapter **1**
必備財務基礎概念

★ 1-1 財務管理基本觀念

★ 1-2 財務報表與企業營運之關係

★ 1-3 財務管理與經營目標

★ 1-4 新制財務報表背景

★ 1-5 必懂的財務管理專有名詞

Contact

1-1
財務管理基本觀念

　　財務管理是一門融合經濟學、會計學、統計學等科目所發展出來的學科，發展至今已成為企業營運及管理極為關心的主題。

　　從財務管理的字面上可看出，其內容一定是與「錢」有關之學科。沒錯，財務管理可說是管理「錢」之一門學科或管理「資金」之一門科目。因財務管理的主要內容就是以「資金」為中心，而供應資金以支援企業活動，並創造出企業最大的價值，則是財務管理的最終目標。

　　財務管理的基本觀念認為，資金是經營企業的根本，企業能否生存及發展，關鍵在於資金的籌措是否適當與資金的運用是否有效。

　　一個企業若能以較其他同業低的成本取得資金，同時又能較其他同業有效地運用所取得的資金，使每份資金皆能獲得高於取得成本之報酬，那麼無疑地，該企業必定有較其他同業為佳的競爭力。

　　另一方面，企業若在任何時間點皆能取得足夠的資金以因

應資金支出的需求，則該企業必定能夠長久地經營下去。

　　而上述資金的適當取得、靈活調度及有效運用之目標，皆必須靠財務管理來達成，也因此，財務管理可說是企業經營中最重要的工作之一。財務管理的重要性不容置疑，但卻少有人能對其有系統化地了解，進而運作得宜，況且坊間此類的書籍本就不多，更別奢求一套完整且實用的介紹了。

　　那麼到底什麼是財務管理？財務管理與企業營運的關係是什麼？應該如何閱讀與分析財務報表？在實務上財務又是如何操作與管理？而又有哪些財務管理診斷輔導的實作案例？等在書中都有詳盡的說明。

　　民國102年台灣IFRS（國際會計準則）已上路與世界接軌，此IFRS將會改變許多產業的經營策略。例如，建築業現在都是使用完工比例法，意思是完成50%就可以認列50%之營收；現在IFRS上路不行，若這棟大樓要蓋三年半，要等完工賣出才可認列，在這點上有很大的不同。而對於IFRS的認知差異，以及企業該如何去應對，這都是本書要探討的主題之一。

　　為了與國際接軌，台灣已於2005年完成類似於國際財務報告準則的企業會計準則體系，可望在轉化成國際財報準則時減少許多認列與轉換的問題。同時也自2007年起，逐步在上市公司與大型企業實施此方案。

　　此外，在2008年，國際為因應由美國次貸方案所引起的全

球金融危機，便成立了二十國集團（G20）高峰會❶和金融穩定理事會❷（Finacial Stability Board；FSB），以共同研究金融危機的原因與應對策略，並倡議建立全球統一的高質量會計準則。結果如下：

G20高峰會和FSB認爲，造成此次金融危機的根本原因是：經濟結構的失衡、金融創新過度、金融機構疏於風險管理與金融監管缺位。而高質量的財務報表有利於提升金融市場的透明度、維護全球經濟和金融體系的穩定，並能確保財務報告的品質。

目前各國會計都有趨同的趨勢，台灣也須同步

根據統計，全球已經有包括歐盟各成員國、澳大利亞、南非等在內的117個國家和地區要求或允許採用國際財務報告準則（各國相關作法如表2），其他國家和地區也紛紛推出了與國際財務報告準則趨同的路線圖，尤其是在2008年國際金融危機爆發之後更有加快之勢。這也說明會計準則國際趨同已經成為世界各國的共識，並正在轉化為實際行動。

現今世界最大的發展中國家和新興市場經濟國家都順應推

動會計準則持續國際趨同，這也是在全球化背景之下做出的理性選擇，且國內企業設置海外子公司之情形亦漸普遍，考量國際間貿易的日趨頻繁，國內會計準則與國際趨同將有助於企業國際化與增進國內和國際企業貿易之機會，並利於提升全球競爭力。也因此，台灣同步會計準則成為了首要之計。

何謂國際會計準則（IFRS）？

國際會計準則（IFRSs）是由國際會計準則理事會（International Accounting Standards Board；IASB）所發布的會計準則公報。IASB致力於各國會計準則能聚合於國際會計準則，其成效已獲致重大之進展。

例如，歐盟（EC）自2005年起，所有在歐盟公開市場交易的公司（超過7,000家）都已通過其財務報表必須遵循國際會計準則編製；而美國也積極與IASB合作，業界更給予這項政策正面的肯定。

IFRSs=IFRS+IAS+IFRIC+SIC

如下頁所示：

表1　上列英文的中文譯名對照表如下：

英文縮寫	英文全名	中文譯名
IFRS	International Financial Reporting Standards	國際財務報導準則公報
IAS	International Accounting Standards	國際會計準則公報
IFRIC	International Financial Reporting Interpretation Committee	國際財務報導準則解釋
SIC	Standing Interpretation Committee	會計解釋常務委員會發布之解釋公告

資料來源：行政院金融管理委員會《認識國際會計準則宣導手冊》

表2　各國會計準則與國際接軌之作法：

國家	作法
歐盟	要求其境內上市公司自2005年起應依IFRSs編製財務報告。
美國	美國證管會於2010年2月24日發表聲明： 1.鼓勵美國會計準則與IFRSs之convergence計劃以減少會計準則差異。 2.設有工作計畫評估美國企業採用IFRSs對美國證券市場之影響，並表示若於2011年決定美國採用IFRSs，則美國企業預計最早可能於2015年適用IFRSs。
加拿大	自2011年起全面採用IFRSs。

日本	日本金融廳於2009年12月公布日本財務報導架構： 1.符合一定條件之上市公司，可自會計年度開始日於2009年4月1日起，選擇採用IFRSs編製合併報表。 2.將於2012年決定是否強制所有上市公司於2015年或2016年採用IFRSs。
中國大陸	大陸財政部已參酌IFRSs發布38號企業會計準則，並要求上市公司自2007年起依此編製財務報表。
韓國	自2011年起全面採用IFRSs。
香港	已採用IFRSs。
新加坡	已採用IFRSs。

資料來源：金管會（2011）http://www.twse.com.tw/ch/listed/IFRS/about.php

　　我國財報編製過去參考美國公報為基礎，現改以國際會計準則之架構為主，美國會計準則偏向規則基礎（rules-based）；而國際會計準則則是偏向原則基礎（principles-based），這也就表示相對於美國財務會計準則之詳細規定而言，國際會計準則較為彈性，規範之原則性也賦予各國較大的解釋空間。

　　雖然我國民國102年後才全面接軌IFRSs，但是投資人可從過去100年及101年財務報告中先行瞭解日後的會計政策將會如何變動、變動差異對於營運數字而言將會有何影響等，相信在實際閱讀102年之IFRSs財務報表時，會有更進一步的瞭解。如

下表3：

表3　100年及101年公司應增加揭露有關IFRSs的相關事項彙總表

年度	年度財務報表應揭露
100年	1.採用IFRSs計畫的重要內容及執行情形。 2.目前會計政策與未來依IFRSs編製財務報表所使用的會計政策二者間可能產生的重大差異說明。
101年	1.除上述應揭露內容外，另包括採用IFRSs後對財務報表重要項目可能產生的影響金額。 2.公司依IFRS 1規定所選擇的會計政策。

資料來源：行政院金融管理委員會《認識國際會計準則宣導手冊》

1-2 財務報表與企業營運之關係

　　財務報表係彙總企業活動的營運績效及結果，因企業活動的營運結果會表現在財務報表上，因此從中可以知道企業活動結果的好壞與原因。

　　閱讀財務報表可以知道企業活動的結果，而分析財務報表則可以了解好壞的原因，同時亦可衡量企業的體質以作為企業自我診斷及改善的參考。本單元就是介紹財務報表與企業營運的關係，將從企業營運到編制財務報表等方面加以探討。在此先舉一個實例來說明企業營運與財務報表的關係：

　　假設何中興先生想創立一間製造筆記型電腦的公司，企業開業之始，何中興先生及其股東共投入資金1,000萬元，即為「資本」或「股本」，並向銀行借200萬元（假設借款利率為10%），故共取得之資金為1,200萬元。

　　何中興先生以此資金購買土地100萬、廠房設備200萬、生財器具100萬、商品或材料200萬，支付人工薪資及製造費用各100萬等以生產筆記型電腦，再以銷售來獲取營業收入。

　　整個企業營運與財務報表之關聯如圖1-1所示，以下是該公

司之其他數字假設。最後我們要編制該公司之財務報表（損益表及資產負債表），並探討與企業營運之關係。

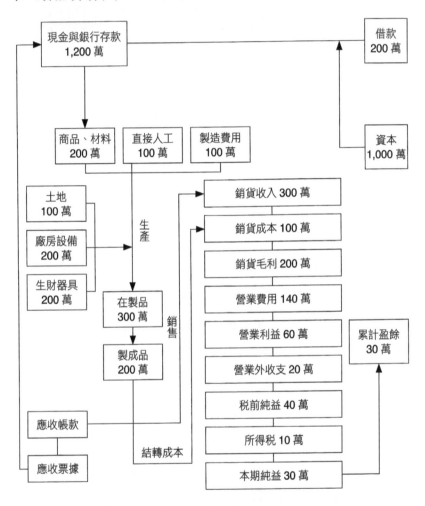

圖1-1　企業營運與財務報表之關聯圖

損益表		
銷貨收入	300萬	
銷貨成本	100萬	
銷貨毛利	200萬	
營業費用	140萬	
銷售費用		30萬
管理費用		30萬
折舊		80萬
營業外收支	20萬	
利息費用		20萬
稅前淨利	40萬	
所得稅費用		10萬
稅後淨利	30萬	

資產負債表	
流動資產 現金510萬 存貨300萬	**負債** 銀行借款200萬
固定資產 土地100萬 廠房設備160萬 生財器具160萬	**權益** 資本1,000萬 本期損益30萬
資產1,230萬	負債及權益1,230萬

1. 假設購買商品或材料200萬，用掉100萬後剩100萬。

2. 在製品共計300萬（包含商品或材料、直接人工及製造費用各100萬），假設轉成製成品200萬，剩100萬。

3. 製成品200萬，假設銷售了100萬，剩100萬（結轉銷貨成本100萬）。

4. 假設銷貨收入300萬（因銷貨成本已100萬）。

5. 假設銷管費用共計140萬，包含銷售費用和管理費用各30萬及折舊80萬（假設廠房設備及生財器具之使用年限為5年）。

6. 營業外收支部分，有利息支出20萬（銀行借款200萬×借款利率10%）。

7. 假設營利事業所得稅25%。

從圖1-1企業營運與財務報表之關聯與以上之假設，我們要編制最後財務報表（損益表及資產負債表），並試檢驗此財務報表是否彙總企業活動的營運績效及結果（最後公司的資產必須等於負債＋股東權益）。

附註：

1. 現金510萬＝1,000萬資本＋銀行借款200萬－購買土地100萬－廠房設備200萬－生財器具200萬－購買商品或材料200

萬－支付人工薪資100萬－支付製造費用100萬－支付銷售
費用30萬－支付管理費用30萬－支付利息費用20萬－支付
所得稅費用10萬＋銷貨收入300萬。

2. 300萬＝商品或材料100萬＋在製品100萬＋製成品100萬。

3. 土地100萬；廠房設備160萬（提第一年折舊40萬）；生財
器具160萬（提第一年折舊40萬）。

4. 利息費用20萬＝銀行借款200萬×10%。

可利用四大方向抓住企業營運方向──營收、毛利、現金流量 、股東權益報酬率

1.財報損益表中的「營收」、「毛利」是企業是否具有成長的指標

企業營收增加，可能有以下原因：新訂單新客戶、廠商調高產品價格、新產品上市等等，這些都能夠反應出營收狀況。

在利用營收狀況去觀察公司的成長時，不妨多關心公司的走向定位及即將成立的新案子。

2.掌控「毛利」觀察營運是否足夠競爭力

觀察「毛利」以及「營業淨利」看企業的競爭力：銷貨－成本＝毛利，營業淨利＝毛利－銷管－研發費用。

利用此兩者和同業比較，可以了解企業能否與上游廠商協

調出良好的進貨價格，以及在成本上是否有足夠的調整空間，以此可看出在生產技術上是否能有效控管企業營運的成本。

▶︎ 3.「具有良好現金流量」企業運作不卡關

在營業的整個流程中，採購、生產、製造、銷售等步驟都重要，最後的現金回流更是支撐了整個流程的持續性。

流程的持續性有何重要？企業是否具有高度的執行力能在每個流程當中都流暢地運作可說是非常重要。若只是空有技術、人才，可能都不足以撐起企業營運的整體骨架。

▶︎ 4.看「股東權益報酬表」了解企業營運狀況

何謂ROE（Return on Equity）股東權益報酬率？指的就是淨利÷股東權益。

進一步利用財務上的杜邦公式（DuPont Formula）表示：

$$股東權益報酬率 = \frac{淨利}{營業額} \times \frac{營業額}{總資產} \times \frac{總資產}{股東權益}$$

利用杜邦公式第一個除式代表「淨利率」，表示一家企業的獲利力；第二個除式是「資產周轉率」，表示每投入一塊錢可以產生多少元的營業額，顯示出企業是否能有效運用資金；第三個除式則是「權益乘數（財務槓桿）」，因為資產＝負債＋股東權益，因此可以利用股東權益報酬表了解企業的營運活

動、投資、理財三方面的個別表現。

此外，所謂的「權益乘數（財務槓桿）」，指的是利用舉債的方式購入資產或投資。當企業在進行投資時，會利用財務槓桿來幫助調度資金，但過度的舉債（高度的財務槓桿）則會瞬間拉高企業的營運風險。

以下利用王品集團來說明上述的理論：

👛 王品利用財務控管訣竅，穩固獲利模式

王品成立於1990年，展店速度與其他加盟連鎖店相比，注重品質勝過時間，平均擴店不到五家，但營收成長卻能平均維持在20%上下。

王品集團的版圖雖不像隨處可見的連鎖餐飲店，但也由於此謹慎用心的財務經營態度，在日前的經濟起伏之下仍然可以屹立不搖。

✳ 151方程式，創新品牌定位

151的比例即是指，每個品牌1年的營業額，必須達到5個資本額，獲利則要達到1個資本額。

雖然每個品牌的產品定位都不一樣，但負責的總經理就必須調整人事、食材、租金、管銷等成本結構來應變。舉例來說，亦即每家店初期投入成本1200萬，每月營業額至少要500

萬，盈餘要100萬，該品牌才能成立。

✂ 預留20%空間，市場高效策略

王品讓現金流通的方式為：並未購買不動產做為企業的總部，除了王品台塑牛排的創始店，其餘店面都是租的，每5年續約一次，因為餐飲業必須跟著商圈移動，現在人潮洶湧的商圈，並不保證5年後一樣人氣很旺。所以，對餐飲服務來說，購買不動產並非明智之舉。

王品展店策略的保守擴點也與眾不同，王品開店只到市場量的80%到90%。那個20%的空間，就留給大環境去變動。店開得太滿，就像杯子裝滿了水，環境稍微一動，水就潑出來了！

王品有8個品牌、71家店，但帳務管理系統卻很單純；他們盡量將報表設計得很簡單，讓第一線員工隨時掌握第一手情況，做出一個高效率的財務管理機制。

✂ 利潤中心制度，成本效益平衡

王品採各店利潤中心制，各店的採購成本都公布在網站上。加上各店的主廚和店長都是股東，若發現其他店面或品牌的採購成本較低，一定會主動組團參觀，學習做法，以在下個月改善情況。

舉個例子，「夏慕尼」餐廳的計時沙漏底座上，原本是要

印上商標的，但因為廠商必須重新開模，所以價錢很高。

而為了找出省錢又方便的替代方案，員工們在一番腦力激盪下，決定將「夏慕尼」商標貼紙貼在沙漏底座上。質感差不多，但卻省下了一大筆費用。

也就是說，當員工都覺得「公司是我的」時，不僅向心力更強，節省成本的力量也將隨之大增。

1-3
財務管理與經營目標

　　財務管理是在「經營目標」此一基本框架中進行的。

　　財務管理本身並非目的，而是實現企業經營目標的一種「手段」。而財務決策是否有效，取決於它是否有助於完成企業的既定目標。

　　傳統上，獲取最大利潤一直都被視為企業經營的唯一目標，但隨著社會經濟的進步，人們的價值觀念也產生了很大的變化，企業的經營目標也逐步演變成為「多元化」。

　　大致上來說，現代企業的經營目標可歸納為「經濟目標」和「社會目標」兩方面，前者意在為股東累積財富，後者旨在樹立信譽，提高社會地位，增強社會影響力。

經濟目標

　　企業具有什麼目標，存在著兩種不同的觀點：

　　第一，利潤最大化觀點，認為企業的經濟目標在為其股東賺取盡可能的利潤；第二，財富最大化觀點，主張企業的經營應以為其股東創造最大的財富目標。

近年來，財務界人士普遍認為「財富最大化」比「利潤最大化」更重要，因為「財富最大化」綜合考慮了四個重要因素——股東的長期利益、獲取報酬的時間分布與盈利能力、財務風險的關係與投資報酬的分配方式。

以下Case Study能讓企業正視正確財務報表的重要性：

Case Learning

一個素人小律師被譽為中國企業的假帳剋星，他是如何將中國的造假公司轟下市？

年僅三十五歲的美國小律師，在2010年創辦了渾水研究機構（Muddy Waters Research）。由於陸續揭發多家中國企業財報的弊端，加上勇於挑戰主流，使得一一被點名的不實公司紛紛倒地不起，甚至連國際知名的避險基金天王鮑森（John Paulson）都因為其報導的內容，投資損失將近兩百億新台幣。

卡森・布拉克（Carson Block）因此成為家喻戶曉的正義律師。日前被他鎖定的五家公司，已經有兩家下市、一家停止交易，剩下的兩家公司股價更是慘跌超過40%以上。

◆卡森・布拉克與眾不同的地方

布拉克在接受商業周刊訪問時曾說：「我覺得美國投資人外包了自己的思考力，而我只相信自己的判斷。」又特別提到投資市場上的盲點，表示人們不應該盲目跟從知名人士的投資，而要勇於挑戰主流。

在2010年被渾水研究機構點名的嘉漢林業（Sino Forest Corp.），研究報告指出了他們認為該公司的營收嚴重灌水，

「嘉漢林業的募資是一個數十億美元的龐氏騙局（類似老鼠會）。」在報告當中也強調，嘉漢林業在雲南省有高達2億3千萬美元的木材銷售是透過中介機構造假銷售數據而來的。

雖然嘉漢林業已經站出來嚴正否認各項指控，但是股價已經重創72.9%，再也回不去了。嘉漢林業的大股東之一即是避險基金天王鮑森，由於股價直直落，他也只能脫手股權，慘賠約加幣7億。

布拉克設立渾水研究機構的主要目的，就是要揪出在股價上不誠懇的表面公司。

布拉克回憶取渾水這名字，是碰巧有次和上海的高官吃飯，聊到很難訂到高速鐵路的票，就算是最早到的人也買不到票吧？對方竟然回道：「就是渾水摸魚嘛！」當下布拉克體悟到這幾個字完全可以解釋不實的中國商人做生意的心態，即是「愈不透明、可以賺的錢愈多」。

◆ 識破灌水數字並掌握金流方向

在調查過程中，布拉克會和團隊一起研究討論，第一步就是先搞清楚這家公司的產品生產過程或服務流程，以及供應鏈和資金流的流向。

「當你知道產品和資金流的過程，你就可以知道要確認的重點有哪些，例如是貨車開離工廠的數量、應收款和應付款的

流向，或者是公司應有的業務員人數等等」。

　　布拉克的團隊也會假扮成潛在客戶，要求報價，藉此取得對目標公司更深的了解。更會因應不同專案，找來林業或造紙業等產業外部專家充當顧問，再將這些資料和該公司向美國證券交易委員會（SEC）申報的資料做交叉比對，用以找出其中的可疑點。

　　下列即是幾間被點名的大公司：

　　・嘉漢林業（TRE,TMX）

被點名時間：2011.05.31

最重跌幅：89.6%

市值最大縮水金額：加幣54.9億元（約合新台幣1,674億元）。

　　・中國高速傳媒（CCME,US）

被點名時間：2011.02.11

最重跌幅：90.57%

市值最大縮水金額：3.5億美元（約合新台幣101億元）。

　　・東方紙業（ONP.US）

被點名時間：2010.06.29

最重跌幅：50.6%

市值最大縮水金額：3.3億美元（約合新台幣95億元）。

　　・展訊（SPRD,US）

被點名時間：2011.06.08

最重跌幅：33.6%

市值最大縮水金額：6.24億美元（約合新台幣180億元）。

· 綠諾國際（RINO）

被點名時間：2010.11

最重跌幅：已下市

市值最大縮水金額：已下市，無法估計。

理解財報意義，才能避開陷阱

依不同產業動態，洞悉財報陷阱

不同產業的財務報表所呈現的方式不一樣，要注意的重點也不同。舉例來說，百貨業者的收入來源是顧客當日消費的現金或刷卡，因此公司立即就會有現金流入；反之，百貨公司賣場廠商的應收帳款就會很多，因為賣場設櫃之廠商都是在下個月初才會向公司申請當月之款項，故其應收帳款多。

所以，如果在百貨公司或是同類通路的零售業者，例如燦坤、金石堂、誠品生活等的財報上看到應收帳款很多，那麼原則上可能就是有問題。

而在製造業或是一般買賣業，業者從生產到做出產品，一般都是先向最上游廠商採購原物料，經過加工、生產、到製作成商品，每個階段所需耗費的時間不等，等到商品製作完成到市場上的通路販售，可能又需要再經過一段時間。

所以，一般零售業與工廠間的交易通常存在著高額的銀行借款，以支付公司產品尚未出售到現金收受之前能先付款給廠商，以彌補資金缺口。因此，若要檢視一段時間內廠商之財務報表是否有不尋常的訊號，就十分需要做持續性的分析。

✖ 公司美麗的外衣

市場上有些新興公司表面上看起來光鮮亮麗，但一旦紅起來，往往配股與增資的動作就不斷，造成了股本撐大，導致股東權益報酬就掉得很快。

不斷擴增資本額的結果，不但營收跟股價都沒有上漲，反而投資人失落。而隱藏在公司的亮麗外表之下，可能有著另一個結構複雜的子公司，例如博達案，應收帳款備抵呆帳回沖、存貨跌價。

有些企業則是透過海外子公司舉債，表面上母公司負債金額合理，但子公司的負債比例卻高得嚇人，一旦景氣不好，警訊出現，必定會虧損連連，甚至倒閉。

「博達案」之影響

2004年對於投資市場來說，最具震撼性的莫過於「博達案」。同年10月，檢察官迅速調查並起訴了這一幫人，該公司董事長因掏空公司63億，做假帳美化帳面141億，且反覆狡辯、毫無悔意，因而被求刑20年，併科罰金5億台幣，並且連帶起訴了前財務長及四位會計師停業2年。

政府方面為了使傷害減至最輕，在以股市穩定為前提之下，調查偵辦的速度及動作可說是又快又準。

然而此弊案仍舊揭發了台灣金融會計制度的不健全。先說財務報表上的作假，假出貨假買賣，利用佣金買通多年合作關係廠商，製造出數百億元的應收帳款，這部分一方面在「34號公報」將可獲得更多監督；此外，金管會當下便額外在股市設立一監理系統，對於異常財務狀況上市、上櫃公司有所防範；而對於四位會計師知情不報的行為也做出最嚴重的懲處，頗有「殺雞儆猴」的意味。

但其後「博達案」卻仍餘波蕩漾，在台灣的股市掀起一場「地雷股大戰」。在當局大力整頓市場的情況下，許多投機客紛紛出籠，像「勁永放空案」的爆發就是最明顯的例子。

Read More......

【美國存託憑證】

ADR（美國存託憑證，American Depositary Receipt）是由美國以外的公司透過指定存託銀行在美國證券市場發行，簡單的說，就是美國證券市場的外國公司股票。

亞洲國家多於1990年代開始開放ADR、ECB（海外可轉換公司債）等國際性的融資管道，台灣亦於1992年開放申請。

有鑑於金融市場的活躍，台灣並於2003年成為美國的「指定境外證券市場」，即外資可在台出售本國上市公司所發行之ADR。

而ADR的優點為：1.多角化融資管道；2.美國為世界金融舞台，籌資較易；3.可拓展公司本身的名氣。

ADR目前在台灣可說是炙手可熱，最近如友達、中華電信、台積電、聯電等均打算發行ADR。其中對企業來說仍須注意的是，美國相關法令的規定以及其與己公司股價的連鎖性。

Read More......

【海外存託憑證】

　　GDR（海外存託憑證，Global Depositary Receipts）是指國內某上市公司將其股票經由外國存託銀行的發行表彰其憑證而售予國外投資人，以達到企業融資的目的。

　　至於GDR代表之股票是由本國銀行保管，股利則交給發行GDR之存託機構代轉成外幣計價後，發與外國GDR投資人。若要出讓GDR時，可以存託憑證轉換成原股賣出。

　　對於發行公司來說，其優點為：1.籌措資金多角化（彩晶發行GDR資金來源：亞洲占40%，美國占20%）；2.調整公司的持股狀態；3.增加公司國際知名度；4.由於公司狀況經由外國機構的認可，故對投資人之認購亦是多一層保障。

　　在2001年台灣的銀行金控業曾掀起一股「GDR風潮」，而科技界如明基、聯電、鴻海等也均發行過GDR，以這個歷程來看，台灣上市公司對於GDR並不陌生。

社會目標

現代企業的資本多半來自於社會大眾，其生存與發展取決於它所提供的產品和勞務是否能被消費者所接受。因此，企業經營者重視經濟目標的追求，並不表示企業可以置社會目標與社會責任於不顧。

企業經營的社會目標在於提高企業的知名度、建立良好的社會信譽、鞏固企業的社會基礎，最終並達到增強社會影響力的目的。

企業經營的「經濟目標」與「社會目標」既相互矛盾，卻又相輔相成。一方面，履行社會責任和追求社會目標需耗費企業有限的經濟資源，從而減少可供股東們支配的財富。

例如，改進環境保護措施、加強員工的教育訓練、改善員工的工作環境等，都必然會增加企業的成本開支，以減少股東們可分配的利潤。

另一方面，積極地履行社會責任，最大限度地實行企業經營的社會目標，又可促進企業經濟目標的實現。

例如，將部分的經營利潤捐獻給社會、用於慈善事業，或贊助各種文化體育活動，這不僅可使社會受益，還能擴大企業的聲譽，提高企業的知名度，為企業創造一項重要的無形資源，而這些反過來說，又可促進企業未來經濟目標的實現。

有鑑於此，只有在財務管理工作中同時兼顧企業經營的「經濟目標」與「社會目標」，才能使企業穩定地成長與發展。

1-4 新制財務報表背景

坐落在全世界的高山通常是國家的中心寶藏。例如歐洲的阿爾卑斯山即橫跨義大利北部邊界、法國東南部、瑞士、列支敦斯登、奧地利、德國南部及斯洛維尼亞。

多數山中的河流都是每個城市國家的命脈，孕育了許多豐富資源，而台灣更是有著世界知名的玉山，因此更要利用規範與報導讓居民重視並了解環境維護的重要性。一旦地球整體的環境被破壞，有過多不正常的經濟行為，那麼不僅會連帶影響自然環境，更會讓運用資源的規則遭到破壞。

在前篇章節提過高質量的國際財務報表準則，這就是一種保護企業山脈的臭氧層，讓企業能在其保護下維持健康的體質進行企業活動。

國際上目前的財報主流為國際財務報表準則（International Financial Reporting Standards，IFRS），尤其對跨國企業來說，運用國際財務報表準則即是各國企業溝通的橋樑，成為一種共通語言。例如亞洲地區，新加坡、香港、中國、日本等都分別宣布全面採用IFRS或開始與IFRS接軌，而我國在2013年也已全

面採用IFRS。

在公司運用國際財報準則時，企業改變的層面卻不僅僅只有會計原則，而是公司整體的系統及流程，甚至管理報表與績效衡量都可能需要調整，或者需要付出更多心力。但如能事先做好準備以迎接未來國際趨勢挑戰，就如同之前日本311大地震，因為平日都有做好防災措施的訓練，所以每個居民都具備地震防災知識，也因此降低了許多不必要的傷亡。

同樣地，財務報表準則訓練更是強健企業體質的重要一環，良好的財務觀念和知識能讓企業避免不必要的損失。

國際財務報導準則（IFRS）的改變一定會影響到台灣的所有企業，而多數企業一定會產生的疑問就是：究竟即將採用的IFRS與我國目前的財務準則有什麼不同呢？

這方面可從 [3] IAS1「財務報表之表達」，也就是一號規範國際會計準則財務報表架構的最基本原則先有初步的了解，它提供了一套國際會計準則財務報表的架構，而其他公報則是決定國際會計準則財務報表的內容：像是[4] IFRS1「首次採用IFRS」、[5] IAS12「所得稅」及[6] IAS33「每股盈餘」等等。

所以不論對象為何，想要了解新制的財務報表，IAS1都是相當重要的一號公報。

IFRS較重視原則性的規範，因而被視為是原則基礎（Principles-based）會計準則。原則基礎對於交易之會計處理，

著重於了解交易之經濟實質並分析其性質，而非嚴守特定的規則，在現今跨國企業營運發展的時代，較能快速順應環境之變遷。

相較於細則基礎會計準則（美國USGAAP），原則基礎會計準則著重原則之應用，會計準則較容易理解，例外規定也較少。但相對的，相關的解

> **附註❸　IAS 1**：國際會計準則第一號公報（稱IAS 1），說明財務報表整體架構的相關規定，包含了主要報表，像是資產負債表、綜合損益表、權益變動表、現金流量表，還有包含財務報表附註的最低要求。

> **附註❹　IFRS 1**：首次採用國際財務報導準則，其目的係確保企業之首份國際財務報導準則財務報表及其期間內所涵蓋之部分財務報告，具備高品質的資訊。

> **附註❺　IAS 12**：國際會計準則第十二號（稱IAS 12），要求企業除了當期所得稅外，應認列遞延所得稅，將稅法與財務會計原則之差異所產生的暫時性差異課稅效果反映在當期的財務報表內。

> **附註❻　IAS 33**：國際會計準則第三十三號（稱IAS 33），廣泛為投資者使用，以評估公司之獲利能力及股票價值。

釋和應用指南也較少，因此為遵從準則目的經濟實質所進行的專業判斷，相形之下增加許多。

為何台灣需要導入IFRS？

提升我國會計信息透明度，承擔全球公共受託責任

會計信息的質量與透明度的高低不僅會影響到整個金融市場的發展及穩定性，更會影響到眾多投資者、債權人和社會公眾的決策與利益分配，並且涉及國際資本的有效流動、國際貿易的發展以及社會公共利益的維護。

根據台灣財政部資料顯示，台灣在2010年WTO國家全世界出口貿易量中，高居第十六名，出口貿易總額更高達了275億美金，相當於台幣約8250億元，可見台灣國際貿易的量值相當高，代表臺灣經濟與世界經濟呈現了緊密連結，我國的發展也牽涉到各方面的利益。也因此，企業會計信息的質量必須得到提升。

　　2010年，財政部發佈了《中國企業會計準則與國際財務報告準則持續趨同路線圖》（以下簡稱路線圖），財政部會計司司長劉玉廷說明發佈路線圖有助於及時向 **❼** IASB（International Accounting Standards Board）反映我國特殊會計問題，並提升國際財務

附註**❼**　IASB（International Accounting Standards Board）：國際會計準則理事會（IASB）旨在制訂高質量、易於理解和具可行性的國際會計準則。

報告準則公認性、權威性與實務可操作性。

　　經過金融危機爆發之後，IASB正在對公允價值計量、金融工具、保險合同、財務報表列報、合併財務報表等重要會計準則項目提出重大改革，這些改革將會對我國現行會計實務產生較大影響。

　　國際財務報告準則為全球公認的高質量會計準則，質量較高，我國應當充分考慮世界各國主要經濟體的實際情況，發佈路線圖，以明確我國企業會計準則持續國際趨同。

此一方面也保留了國與國之間互動的原則，利於我國及時跟蹤與深入研究國際財務報告準則最新變化及其對我國的影響。且經過國際金融危機的經濟重創之後，顯示出經濟市場上自由競爭的市場經濟與有效的政府監管兩者不可或缺，發佈路線圖不但助於維護經濟金融穩定與發展，更有助於加強我國政府會計監管。

　　尤其在現今為了讓政府能充分地發揮維護市場公平與職能效率之作用，完善我國的金融監管體系是促進經濟金融穩定與市場提高之基礎工程作業。因此，加強政府會計監管，特別是會計準則之執行情況與會計信息質量之監督檢查工作，是提高市場經濟之必要條件。

　　對多數的台灣企業而言，過去在全球的會計管理上品質不一，對這些企業來說，IFRSs導入之影響範圍絕不僅限於企業財務會計部門，而是遍及了全公司各部門。IFRS的導入可以重新檢視公司會計及內控制度，增加會計管理的即時性及有效性，使內容更加充足完整。此外，企業各部門若能針對不足的地方升級資訊系統之管理，並與會計管理制度上相互配合，必能大幅提升公司的管理效能與效率。

　　全世界愈來愈多國家（地區）採用全套國際財務報導準則（Full IFRSs）來編製財務報表，多數國家（地區）要求企業依

照^❽GAAP編製財務報
表，並須經會計師查核，
經會計師查核簽證後之財
務報表依據法令規定，向

附註❽　GAAP：（Generally Accepted Accounting Priciples），一般公認會計原則，指為因應會計事項之全球性制定原則，全世界所有會計事務之認定、分析、編制、紀錄，財報表製作均須符合這些原則。

政府機關申報或置於網站中供債權人、供應商、員工、政府和
其他使用者閱覽。

　　歐洲超過2千萬家公司，其中超過5百萬家公司（大多為
中小型企業）之財務報表是依照法令規定須經會計師查核並有
報導之義務，因此大多數的歐洲國家發展中小型企業（私人企
業）適用的國家版財務會計準則，而亞洲國家亦多有類似之情
形。

企業如何利用IFRS做好公司營運？

　　利用IFRS不僅能降低財報編製成本，更能突顯公司財報的
透明度與可比較性。

1.財務報導標準化以提升控制

　　當跨國企業在採用IFRS之後，每個地區的法定財務報表及
合併報表會計政策能統一，這更有利於企業本身、股東及分析
師做跨國企業投資的決策或績效的評估。

　　此外，還能讓企業的海外營運機構的報表能夠轉換，減少

因為未遵循會計法規而受罰的風險。

2.更能有效利用取得資源並做好現金管理

採用IFRS之後能利用其共享之服務，給予發展集中會計帳務處理的機會。此外，還可以幫助發展標準化人員的訓練，消弭不相容的會計系統，並節省編制報表的額外費用。

子公司可發放的股利，通常是以當地財務報表作為計算基準，如果當地會計準則與IFRS存在著重大差異，那麼從當地會計準則調整成IFRS的準則之後，盈餘會相當不同，也會導致母公司無法分發合理的股利。因此若能在一致的會計準則之下，企業更能妥善規劃地現金流量。

先修國際財報概念（你不可不知的IFRS觀念）

財務報表編製基礎

企業財務經理人為求財產極大化，並透過財務管理以達成目標，而財務報表就是企業衡量績效的基準。

國際會計準則委員會（IASC）說明，IAS1的發佈是希望透過準則規範來規定一般用途財務報表表達之基礎，以確保該等報表與企業以前期間之財務報表以及其他企業財務報表之可比性。

IAS1此準則正是訂定財務報表之整體規範，並指引出財務

報表之結構及財務報表內容之最低要求。IAS1與我國目前規定有所差異，但對於每年至少編製一次財務報表、一致性原則之遵循是差異不大。

IAS1之主要特性為影響業主權益變動及綜合所意之表達，但不改變其他國際財務報導準則對特定交易以及其他事項之認列、揭露或衡量規定。並規定所有業主權益變動應表達於單一綜合損益表或兩張報表中，且綜合損益的組成部分不允許於權益變動表中單獨表達。

由國際會計準則第一號（IAS1）規定，企業應揭露以前期間之比較資訊，亦即至少應揭露兩期之財務報表及附註。

▰ 財務報表內容

國際會計準則的規定與我國內容有些許不同，如下表之比較：

國際會計準則	我國規定
財務狀況表	資產負債表
綜合損益表	損益表
業主權益變動表	權益變動表
現金流量表	現金流量表
附註	附註
最早比較期間之期初狀況表	無相關規定

⌑ IFRSs財務報告閱讀重點

根據台灣證券交易所說明，IFRSs財務報告的閱讀重點有以下幾點：

1. 財務報告採用IFRSs後之主要改變，例如四大報表表達方式無異與內涵的不同、強化財報附註之揭露內容。
2. 2013年首次適用IFRSs財報使用提醒，例如首次適用IFRSs財報重點：附註揭露為閱表重點。
3. 證交所擬制性財報參考。

⌑ 財務報告類型及公告期限

項目	我國現行規定	未來採用IFRSs後
財務報告類型	個體財報為主	合併財報為主
年度財報	年度終了後三個月內，公告並申報	年度終了後三個月內，公告並申報（上市上櫃公司適用）
半年度財報	半年度終了後二個月內，公告並申報	名稱改為第二季財報，第二季終了後四十五日內，公告並申報
季度財報	第一季及第三季終了後一個月內，公告並申報	第一季及第三季終了後四十五日內，公告並申報

資料來源：台灣證券交易所（2011）採用國際財務報導準則（IFRSs）後
財務報告之重大差異

✖ 合併報表與母公司個別報表

提及合併報表，以國內實務而言，報表的編製使用大多數以母公司之個別報表為主，合併報表為輔。

其中，由於IFRS中持股20%以上之股權投資並無權益法評價之方式，母公司個體報表之淨利將與合併財務報表不同，那麼企業主於母公司在分配盈餘時究竟應以哪一報表為主？

2009年金融監製管理委員會之IFRS宣導會中說明，依公司法規定，分配盈餘之基礎為母公司之個體財報，惟由於 ❾ IAS27所規範之單獨財報（separate financial statement）並不具強制性，故我國將不採IAS27之單獨財報，而將採現行母公司本身之個體

附註❾　IAS 27：國際會計準則第二十七號（IAS 27），在合併報表上認為權益法雖然可提供使用者取得某些損益資訊，但此相關資訊並無須由個別報表提供之。

財報與合併財報中歸屬於母公司之權益與損益相同之作法。即母公司之個體財報仍採權益法，故不致於產生母公司個體報表之淨利與合併報表不同之情形。至於課稅基礎（含加徵10%部分）亦以公司之個體財報為起點。

2012年金融監製管理委員會之IFRS宣導會中說明，日後依照IAS27號公報規定，處分部分具有控制力的股權但仍具有控制力，視為股權交易不會產生損益，這部分依照問答集須認列資本公積科目，這個做法跟以往有所差異，企業應檢討以往認

列資本公積的原因，如果有不符IFRS規定的話，要做處理（相關處理的原則請參閱證券交易所問答集），須在轉換日將其調整至保留盈餘。

有鑑於金融監製管理委員會之IFRS宣導會說明之，從IAS27對母公司個別報表之規定來看，IASB並不允許母公司其個別報表依權益法認列子公司之投資，原因就在於其資訊並不如合併報表有用。

因此我們可得知，在母公司個別報表中，子公司應以公平價值法或者原始投資成本法表達，以提供更多有關子公司之績效資訊供投資人作有效股利報酬之計算依據。

此外，公司管理當局如果希望能透過合併報表的編製了解財務狀況與營運結果，在資訊上多方參考國外實務與經驗，能提供管理當局與投資人全面性的資訊。

因此台灣除了在會計原則上與國際接軌，在集團內部合併報表與內部機制管理編制上也可思考制定一個規範基礎，以符合國際運作上之原則，達到企業管理需求之目的。

【談7號公報之影響】

2004年下半年的「股市毒藥」，除了〈35號公報〉外，還有〈7號公報〉。同規定在民國94年實施，旨在「要求上市上櫃公司合併報表」，尤其針對轉投資等關係交易，可使母公司和子公司之間的交易無所遁形。

不知是否受「皇統」、「博達」、「海外租稅天堂OBU」的議題推波助瀾，〈7號公報〉溯及的子公司範圍多達數層，且尤對重要子公司有著嚴格規範。凡是占母公司盈收30%或產值貢獻達50%、原料商品供應占50%以上等子公司，均要經由會計師核閱，大大改變了現有權益法下持股50%以上之子公司合併報表之規定，更能對付所謂具有「實質控制」的「地下老闆」。

且〈7號公報〉的效力不僅使母企業的財務更清楚明白，對企業的價值鏈（Value Chain）整合亦有幫助。對過去各司其職且分散各地的子母公司來說，開啟合併財務報表之大門有助於分析判斷集團的競爭力與潛力，無論是對政府、企業、投資人，乃至於社會大眾來說，均是「百利而無一害」之事。

1-5
必懂的財務管理專有名詞

⚑ 1.資本市場（Capital Market）

「資本市場」係指「一年期以上」或「未定期限」之有價證券交易之場所。亦是交易一年以上到期證券的市場，如股票、房屋貸款、政府公債、企業放款、公司債等，其中股票是永續存在，沒有到期日。

⚑ 2.貨幣市場（Money Market）

貨幣市場係指買賣貨幣及其他短期證券的交易市場，也是短期資金的借貸市場，是指信用工具期限在一年以內的短期投資之需求和供給市場，也稱為「短期金融市場」。也就是「一年期以下」短期有價證券交易之場所，如國庫券、商業本票、銀行承兌匯票及定存單等。「貨幣市場」係調整短期資金供需，運用短期信用工具融通資金的市場。

⚑ 3.創投（Venture Capital）

「創投」原名為「創業投資」，有人稱為「風險投資」。

創業投資公司通常是募集足夠的資金後成立一個基金，該基金由有投資經驗的一組團隊來從事管理投資，其投資的領域限定在此團隊的專業人才，並非隨便組成一組團隊來做。因為政府為保護善良投資人，且創投公司往往亦能享受一點租稅之優惠，所以對於成立創投公司必須審查之後才能核准。

＊4.資產負債表（Balance Sheet）

此為最基本的會計公式：資產＝負債＋資本（股本）。資產負債表，其實是指在一定期間內公司之資產、負債和資本的狀況。例如資產總值增加、負債減少，或是資本增加等情況，對公司運作的評核來說，是很重要的一張財務報表。透過資產負債表，可以看出一家企業經營的績效和價值。

＊5.損益表（Income Statement）

「損益表」係用以表示某一期間、某一營利事業獲利狀況的計算書，期間可以為一個月、一季、或是一年等。

而綜合損益表的說明如下：

證券期貨局於2011年修正第12條中說明，綜合損益表是採單一報表之方式表達，以提供較完整之資訊，提高投資人參考價值，並切合IFRSs發展趨勢。其參考國際會計準則規定及各公報規定，規範至少應表達之項目，增訂「除列按攤銷後成本衡

量之金融資產淨損益」等項目，並刪除「非常損益」等項目。

綜合損益表至少包括下列項目：

- 收入（包括營業收入及其他收入）。

- 營業成本。

- 除列按攤銷後成本衡量之金融資產淨損益（新增）。

- 金融資產重分類淨損益（新增）。

- 財務成本（新增）。

- 採用權益法認列之關聯企業及合資損益之份額（新增）。

- 所得稅費用（利益）。

- 停業單位損益。

- 本期淨利（或淨損）。

- 綜合損益總額（新增）。

- 當期損益歸屬於非控制權益及母公司業主之分攤數（新增）。

- 當期綜合損益總額歸屬於非控制權益及母公司業主之分攤數（新增）。

- 歸屬於母公司普通股權益持有人之繼續營業單位損益及歸屬於母公司普通股權益持有人之損益之基本與稀釋每股盈餘（新增）。

綜合損益表刪除項目：

• 營業費用。

• 營業外收入及利益、費用及損失。

• 繼續營業單位損益。

• 非常損益。

• 會計原則變動之累積影響數。

資料來源：證券期貨局（2011），推動IFRSs執行情形

► 6.股東權益變動表（Statements of Shareholders' Equity）

係表達企業在一會計期間（通常為一年），股東權益各項目之餘額及其增減變動情形。

證券期貨局於2011年修正第13條中說明，參考國際會計準則規定及各公報規定，規範至少應表達之項目，並刪除現行股東權益變動表相關規範。

權益變動表至少包括下列項目：

• 當期綜合損益總額，並分別列示歸屬於母公司業主之總額及非控制權益之總額營業成本。

• 各權益組成部分依國際會計準則第八號所認列追溯適用或追溯重編之影響。

• 各權益組成部分期初與期末帳面金額間之調節，並單獨揭露來自下列項目之變動。

- 本期淨利（或淨損）。

- 其他綜合損益。

- 與業主（以其業主之身分）之交易，並分別列示業主之投入及分配予業主，以及未導致喪失控制之對子公司所有權權益之變動。

- 發行人應於權益變動表或附註中，表達當期認列為分配予業主之股利金額及其相關之每股金額。

▶ 7.現金流量表（Statements of Cash Flow）

係表達企業在某一會計期間（通常為一年），因其營業活動、投資活動及理財活動所產生之現金及約當現金之變動情形。所有遵循IFRS而編製之財務報表皆必須有現金流量表，目前IFRS規範與我國相關規定大致類似。現金流量表可提供財務報表使用者評估企業產生現金之能力及使用現金之需求的基礎。

▶ 8.本益比（P/E Ratio，Price-Earning Ratio）

係指股票每股的股價除以過去12個月的每股盈餘（或下一年的預估）所得之比值。在投資股票時，本益比是一個非常重要的指標之一，可以反映公司的獲利能力，以作為評量合理價位的工具。

9. 集中市場（Stock Exchange Market）

「集中市場」係指由證交所提供場地，供自營商和經紀商在此買賣上市公司股票的場所。

10. 店頭市場（Over-the-Counter Market）

係指證券商集中交易的場所或是證券商的營業處，與「集中市場」不同，「店頭市場」採取以電腦自動撮合買賣雙方和自營商議價的交易方式。

11. 上市公司（Listed Company）

公開發行股票的公司可分為「上市公司」與「上櫃公司」，「上市公司」為公開發行股票，且已辦理上市手續的公司。

12. 上櫃公司（Over-the-Counter Company）

「上櫃公司」為僅辦理公開發行股票卻未申請上市的股票發行公司，係已公開發行，但需受限在櫃檯中心買賣（需管制）。

13. 證券經紀商（Broker）

在證券市場接受投資人委託，居間代為買賣有價證券之證券商，稱為「證券經紀商」。

14.首次公開發售（IPO）

「首次公開發售」（IPO）係指一間公司或機構首次向大眾投資者發售新股、債券或存款證以籌集資金。亦稱為「首次公開招股」（Initial Public Offering，IPO），也就是一間公司首次向公眾人士發售股份。

15.債券（Bond）

即公開交易之債務證券，一般由大型企業及政府發行，在發售債券日起至到期日期間必須定期繳付票息，並於到期日退回票面值，以抵償債券持有人之本金。

16.單利（Simple Interest）

以本金的某個百分比作為利息的一種利息計算方法。

17.複利（Compound Interest）

計算利息回報的一種方法，通常是將本金及利息累積計算。

18.市值（Market Value）

以市場交易價作標準而計算出的資產價值。

19.資本市值（Market Capitalization）

公司總市值，以股份數目乘以現行市價計算出來。

20.帳面價值（Book Value）

股東持股帳面值，相當於公司資產值減去公司負債及公司優先股值。此價值並非等同於資產的市值。

21.面值（Face Value）

即證券等金融工具的票面價值。

22.淨值（Net Worth）

資產減去負債的總價值。

23.除息（Ex-Dividend）

即發放現金股利。發行公司將現金股利（即權值）配發給股東時，以股票市價扣除配給股東的股息金額（權值），稱之為「除息」。

24.除權（Ex-Right）

即股票股利。發行公司將股票股利（即權值）配發給股東時，以股票市價扣除配給股東的股票價格（權值），稱之為「除權」。

25.普通股股票（Common Stock）

普通股股票就是公開發行公司所有權的單位，持有人有權投票選舉董監事，並領取股利。

26.特別股（Preferred Stock）

公司發行之股票可分為普通股與特別股：享有一般之股東權利者稱為「普通股」；享有特殊權利或某些權利受到限制者則為「特別股」。特別股通常為公司在有額外的資金需求時所發行的股票，擁有盈餘優先分配權，在分配股利時必須依特別股發行時的約定優先分配，通常並無表決權。

27.加權平均資金成本（WACC）

英文為Weighted-Average Cost of Capital，中文稱為「加權平均資金成本」。公司的資本結構（Capital Structure）可由普通股、負債、特別股及可轉換公司債構成。「加權平均資金成本」是將普通股、負債、特別股及可轉換公司債（Convertible Bond）等依權數予以加權平均而求得。

WACC＝（負債權重×負債成本）×（1－稅率）＋（普通股權重×權益成本）＋（特別股權重×特別股成本）＋（可轉換公司債權重×可轉換公司債成本）。

28.資本資產定價模型（CAPM）

資本資產定價模型（Capital Asset Pricing Model，簡稱為CAPM）是由美國學者威廉・夏普（William Sharpe）、林特爾（John Lintner）、特里諾（Jack Treynor）和莫辛（Jan

Mossin）等人在現代投資組合理論的基礎上發展出來的，探討關於「報酬」和「風險」的問題。

CAPM的公式為：投資報酬率＝無風險利率＋相關係數×（市場報酬率－無風險利率）。

⚊ 29.財務槓桿（Financial Leverage）

從自有資產與債務借款二者之間來看，若債務借款的比例越高，就有越多資金可運用，但相對地，風險也越高，只要借款還不出來，就有可能垮掉；若自有資產的比例較高，手上持有的資金就少，但是有較多資金可週轉。

⚊ 30.票面利率（Coupon Rate）

票面利率係指在發行債券時，講定公司定期要付給債權人的利率，此利率×票面價值（Par Value or Face Value）就是每期要付的利息。

Read More......

【對沖基金與私募股權基金的差別】

近年來，「私募股權基金」（PEF，Private Equity Fund）的熱度持續發燒，其光芒似乎有掩蓋過「對沖基金」（Hedge Fund）的現象，許多資產收購公司（AMC）或是基金公司也都改以「私募股權基金」的方式操作，兩者在投資上出現重疊的現象，因有程度的區隔，因此學者特別有以下之討論：

◆1.持有時間

「對沖基金」以特定期間獲利為主，持有期間通常不超過18個月；而「私募股權基金」則以持有所有權為主，持有期間較長。

◆2.流動性與財務槓桿

「對沖基金」隨時可抽提投資，流動性相對於PEF為高。

◆3.策略方向

PEF著重於長期對企業的績效投資，較關心企業的策略方向；反之，對沖基金則以短期投機性為主，較不關心企業的策略方向。

◆4.財務狀況之稽核方法

其實，現在沒有一種基金不關心財務稽核，然而PEF較「對沖基金」關注企業財務之稽核，因後者可能隨時抽離投資標的。

◆5.風險容忍

在這點上，PEF比起「對沖基金」更關注長短期風險，而「對沖基金」則較能承受風險。

◆6.目標市場

PEF長期持有，不像「對沖基金」在投資目標選擇會考量「撤退」的因素。

◆7.預期投資報酬

「對沖基金」比起PEF更注重高報酬，這是無庸置疑的。

◆8.對企業的控制

PEF取得企業董事會的控制權，進而控制經營權；而「對沖基金」則較不過問企業經營方面。

◆9.對企業相關財務指標的評估

PEF比起「對沖基金」在這方面較為關心。

◆10.產業焦點

「對沖基金」對此較為關心，以攻擊競爭的產業或是績效表現不佳的企業為主，藉此賺取高額利潤。

◆11.管理費用

PEF以「費用後收」（End-Loaded）為主，著重於長期績效；而「對沖基金」則以短期報酬為主，致使基金公司在利潤上壓力較大，所以在操作上較具積極性。

◆12. 奇異融資公司

奇異公司（GE Corp.）是世界上市值數一數二的大公司，本身所轄子公司的產業，從電器、電力、引擎、運輸一直橫跨到租賃金融等，是全球企業多角化的典範之一。

多角化之效果帶給奇異公司的，不僅是各產業間可相互協助支援，更能使龐大的奇異集團降低其營運風險，增加公司資金的流通性。而近年來奇異融資（GE Capital Corp., GECC）帶給公司的獲利更是傲視群雄。

在眾多全球知名的金融、證券公司紛紛成立AMC（資產管理公司，以收購企業、集團之債權為主，透過抵押拍賣以期變現。有別於商業銀行著重的是專業經營分析，由於其行銷通路較他人為優，故能更有效的解決債權），如高盛證券（Goldman Sachs）、摩根史坦利（Morgan Stanley）等。

然而GECC仍是最被大家提及的佼佼者，旗下有27個金融子公司，資產超過3,450億美元，且這些年來的運作範圍早已遍布全球各地。

以台灣來說，GECC早年就與「裕隆汽車」、「中華汽

車」等合資成立「裕融企業」，負責新車貸款等業務，在台灣汽車銷售量成長之際，獲利無數。

　　許多企業在規模擴大之後都會面臨多角化的抉擇，在台灣，像「台塑」、「統一」都是良好的例子。因此，只要企業善用自己的優勢和資源，就能發揮良好的乘數效果。

【控股公司】

控股公司（Holding Company）是指持有別家公司的股票而享有控制其經營權者，其類型可分為「純粹型控股公司」和「事業型控股公司」。其中，前、後兩者最大的差別在於，前者不經營事業，所以又可稱為「投資控股公司」；而後者除挾子公司的股票之外，本身尚有事業須經營，稱為「營運控股公司」。

然而這裡就會出現一個疑問，那麼到底控股公司和投資公司（Investment Company）有什麼差別呢？

雖然兩者均持有其他公司之有價證券，但控股公司重點在於其可支配與控制所掌管的公司；而投資公司則單是以有價證券的買賣作為獲利之機構。

控股公司的最大作用就是發揮整合的功效，負責調配與協調所轄之各獨立子公司相互的運作（法律上為「獨立個體」），所以也不會相互拖累；對母集團來說，亦可以降低營運風險。

然而若形成「托拉斯」（Trust）、「卡特爾」（Cartel）等壟斷勾結的形式時，就會影響市場之公平競爭，故政府對於

控股公司仍多有戒畏之心。

　　兩岸食品業的傳奇「頂新集團」，這些年在大陸紅透半邊天，也回台攻占食品市場，集團的飲料、泡麵、糕餅、冷藏等17大事業群，都透過了旗下的「康師傅控股公司」（原「頂益開曼島控股公司」，1996年於香港上市，2002年改名）。

　　此外，「頂新集團」也與「朝日」、「可果美」合資開拓中國其他市場，所以控股公司等於是連接集團策略與事業經營的一塊跳板。

【財務槓桿之以小博大】

2007年,美國公司Scotts Miracle-Gro Co.發行了7.75億美元的新債,並透過發放特別股息和回購大量股份向股東支付了7.5億美元,透過舉債來提高股東回報率。

探討不同公司如何籌錢(包括公司債、與銀行借錢和發行股票),當企業將籌措的錢運用得當,並且創造出更多錢以還清債務,甚至獲取利潤時,這樣的概念便稱作財務槓桿。

財務槓桿(financial leverage)通常為衡量一家公司其自有資金與舉債程度的指標,投資人往往藉此來評量公司的財務風險。

企業在制定資本結構時對債務籌資的利用,是以適度舉債來調整資本結構,為企業帶來額外收益。換言之,公司藉由提高有息負債、向銀行借款的方式來推動業務擴張及收入增加,財務槓桿的計算可以用有息負債除以股東權益,通常這比例在30~50%之間較為正常。

財務槓桿同時也與利率有關,當利息越低時,企業向銀行借錢的成本也將越低。當然,公司的信譽、資本結構的健全與否、以及過去是否有不良的紀錄亦會影響銀行願意貸款的額

度。

　　如果公司業務迅速擴張，並且倚賴高額舉債的方式來支援，那麼亦代表所承擔的風險增加。一旦市場景氣陷入低潮之際，那麼代表企業的利息支出與還款壓力將更加沈重。

　　無論如何，財務槓桿即是以小博大、截長補短的一種做法，企業在籌錢、用錢的槓桿兩端，勢必要謹慎拿捏，而這不只是考驗企業的財務部門，更考驗著企業領導者的智慧。

Read More......

【十號公報】

　　2009年實行之新的十號公報是計算存貨的會計處理準則，等於是個存貨照妖鏡。如果企業有A、B兩項存貨，A漲價15%，B跌價5%，在舊制上可將兩者以總額相加互抵，仍有10%帳上的獲利；但適用新制後，存貨須逐項檢視，A漲價15%不能認列獲利，但B跌價5%，卻要在財報上認列虧損。

　　新的十號公報不僅放大企業庫存損失，銀行也可能不敢借錢給企業，若企業得不到銀行的金錢資助就恐需裁員，導致社會的失業率增加。

　　◆對社會而言：

　　十號公報利用新的財會制度將企業的存貨更明確地顯示於報表中，因為企業本來就有義務對其投資人更明確地解釋公司內部的營運狀況，透過十號公報，能讓真正有能力的公司從投資者或是銀行進行有效的資金募集，或者做更合理的社會資源配置。

　　◆對企業而言：

　　十號公報對於提升長期競爭力有著十分正面的影響，景氣差時才必須更迅速地汰弱留強以淬鍊堅強的實業。經濟何時真

正出現中長期復甦，都端賴最具競爭力的企業如何走出谷底。

　　台灣這次受到的衝擊之大與國家競爭力有著莫大的關係。作為出口國，國家競爭力取決於企業競爭力，且十號公報迫使企業公開誠實面對管理失當及缺乏風險意識所帶來的惡果，如此一來，企業間的競爭將更形劇烈，但對台灣整體的企業競爭力卻有著莫大的幫助。

　　◆對投資者而言：

　　在交易買賣中，資訊不對稱一直是一個待解決的難題，不論是道德危機亦或是逆向選擇，擁有優勢資訊的一方總會在交易前後有動機去損害資訊劣勢的一方，而十號公報或許是解決資訊不對稱的方式之一，它讓募資與集資者之間的資訊更透明，讓投資者擁有更多的資訊以做出投資決策。

　　儘管十號公報將企業的存貨狀況更清楚地顯示於報表中，但現在的環境較以往相對不穩定，在景氣及供貨來源不穩定的環境下，十號公報對於企業的打擊更為加劇。因此，存貨的財務報表對企業來說，不應該只是一個事後檢驗的工具，更應該要是一個事前規劃的重要依據。

　　在以往，股價很容易因為一些小道消息而有所波動，也因此難免為人所利用，然而十號公報將企業的財務狀況開陳布公地揭露出來，讓影響股價的因素降低，這或許也是提升社會公平的手段之一吧。

【關於投資工具】

在我們的投資中並沒有一項商品是可以十全十美、完全賺錢的，除了內線交易之外。

而高報酬同等於高風險，投資有賺有賠，但如果在知道機率的情況下，我們就可以計算出統計中所學到的期望值，進而可以算出變異數，這就是我們所謂的風險。

透過公式的計算，我們衡量投資組合中應該選擇何者，這就是我們的參考依據。而不同的投資組合所產生的投資報酬與風險也會截然不同，因此我們必須去計算期望值與變異數，以利經理人能夠決定是否要改變投資組合。

在投資組合中，有些風險可以避免的，我們稱之為可分散風險（Diver-sifiable risk），也可稱為非系統風險或個別風險（Nonsystematic or unique），無法避免的風險我們稱之為不可分散風險（Nondiversifiable），也可稱為Market，其中包含了GNP、利率、通膨等等這些因素。

每個人都想要買低賣高進行利差買賣，相對之下我們可以去比較債券或股票是否值得購買，因此一個相對的概念是，如果在這樣比較之下，我們是否應該選擇潛力股購買，而不是一

味地追隨盲目的投資。

　　思考這對我們的投資組合是否恰當，也可算出斜率（多承擔一點風險我們所可以獲得的報酬），我們可以透過這樣的計算重複檢視，甚至是進行比較，以選擇出較佳的方案。

　　公司的資本結構由普通股、負債、特別股及可轉換公司債構成。我們可以利用WACC加權平均資本成本，用來確定具有平均風險投資項目所要求收益率。

　　加入風險考慮之後，我們可以以WACC所求的當作中間點，進而利用SML去衡量在低風險下可接受與不可接受的範圍為何，在高風險下則反之亦然。

　　透過這些工具進行分析，相信在未來當我們獲得相關資訊時，也能透過這些工具幫助我們求出想要的答案。

　　◆案例一：股七債三，與熱錢共舞

　　量化寬鬆政策，全球可能會面臨低借貸成本美元四處流竄的「常態」。

　　四大券商幾乎有志一同的大舉調升股票、降低債券比例。平均股債比更從08年底的5：5，調整為如今的7：3或6.5：3.5。

　　全球企業的「再槓桿化」在金融體系如今已大致穩定，而借貸成本又不斷創下歷史新低之下，大型企業將透過再投資、

回購股票或者併購等方式，將手中閒置現金轉為股東報酬，「而這些手段，全都有利於股價上漲」。

基於以上幾點，建議還是以股票投資作為較高的投資比重。

◆案例二：減西增東，分批布局

全球股市因經濟情況有所差異，亞洲各國在為通貨膨脹拉警報，開始升息循環時，歐美各國還在擔憂重蹈日本通縮「失落的十年」覆轍，不斷印鈔救市。

在經濟基本面、企業獲利能力和政府外債狀況方面，新興亞洲領先歐美的程度都來到近二十年來新高。此外，亞洲各新興國家由出口貿易轉型為區域貿易也有部分成效。

基於上述，投資東方是2011年相對而言較好的投資，但是握有成熟國家的投資也是必要的，畢竟分散風險非常重要。

◆案例三：通膨避險不可少，留意指標，保持操作彈性

熱錢效應持續發酵，在亞洲各國引發通膨隱憂。投資人應保有一點餘額以應付通膨，除此之外，貴重金屬也是值得投資的標的，未來有成長空間。此外，由於熱錢的流動快速，適當地保有彈性、避免太大的風險是相當重要的。

本書從各種現實生活中的預測與實際情況來分析與提供建議，給予讀者朋友們一個明確的投資方向與避險方式。

相較於課本運用機率與各種指標來進行預測，這些現實事

件與過去趨勢提供的預測，恰好可與一般財金課本的各項指標相輔相成。

　　理論與實務之間的隔閡往往最令人詬病，但是如果可以妥善地將理論與實務進行結合，相信在交叉比對分析之下，一定可以做出最佳的投資組合。

Read More......

【數字會說話】

　　如果將財務報表內容進一步分析，可分成五大領域——獲利力、效率力、成長力、安定力、流動力，並可以再利用各種財務指標去進行分析。

　　藉由這些指標不只可以讓我們了解一家企業現今的營運狀況、了解企業的問題與優勢，更可以進一步憑藉著過去的歷史資料對未來做出預測與判斷，達到鑑往知來的作用。

　　像是ROE股東權益報酬率，顧名思義就是出錢的股東可以有多少報酬的比率。ROE本質上結合了一公司的主要財務結構、經營效率及獲利能力三大項，有優異股東權益報酬率的公司，償債能力也較強。景氣不佳的時候，高償債能力可以幫助它度過寒冬；景氣循環向上的時候，好的經營效率與獲利能力更可以讓它比同業早一步復甦。

　　總體來說ROE是一個投資的重要標的。但是光看ROE其實還是有風險的，重要的是還要配合其他大環境的變動與趨勢。例如因應ECFA，未來食品、汽車、觀光、水泥等非主流科技業也都有機會向上爬升。未來台灣投資環境前景看好，各類股都有機會。

建議從ROE表現良好的個股中選擇基本的營運與獲利表現良好的，趁著股市回檔時找到相對合理的價位進入，這會是較好的投資策略。

　　財務報表與財務指標帶領我們看到一家企業的過去、現在、未來，引導我們選擇一家好的投資目標。這些投資目標不僅僅只是財務上的投資，對我們而言它也是未來「工作」的投資目標。

　　機會只給準備好的人，學習財務的一個重要收穫就是讀懂數字說的話，學會抓波段，並且確實地從這些數字當中抓住機會。

Chapter 2
如何閱讀財務報表
（IFRS準則）

★ 2-1閱讀財務報表的重要性

★ 2-2資產負債表

★ 2-3損益表

★ 2-4現金流量表

★ 2-5業主權益變動表

★ 2-6從不同商業交易方式來了解財務報表

2-1
閱讀財務報表的重要性

　　財務報表是依〈證券交易法〉編制而成，其編制的目的是希望公平、正確地表現企業實況的會計報告。

　　根據〈證券交易法〉的規定，有關股票、公司債、國債（政府公債）等有價證券交易的法令，任何發行有價證券的企業都必須公布其財務狀況，讓投資人了解該公司目前的營運狀況，否則，〈證券交易法〉將因投資者的不了解而無法順利進行。

　　依有關〈證券法〉規定企業每年所公布的財務報表有——資產負債表、損益表、現金流量表與業主權益變動表，各項報表之編制，每年至少一次。

　　一般公司在每次結算期結算之後應予以公布，並在報紙上刊示結算內容，包括：公司的營業額、經常性利益、稅後淨利、每股盈餘、每股所分配到的股利等資料，讓社會大眾能從這些數據中迅速了解該公司的財務狀況。

　　此外，任何公司所公布的財務報表，都需在相同觀念與方法的基礎下編制，因為惟有以同一基礎編制之財務報表，不同

的公司才能相互分析比較，不可像一般的家庭式記帳，只要記帳，自己能看懂就好。

如前所提及，財務報表是爲了明確企業的淨利（或淨損）、資產、負債、資本的狀況而編制，並藉由閱讀該報表而達到對企業營業內容一清二楚的目的。閱讀損益表時，我們可以了解銷售收入、銷貨成本與費用支出的情形。

此外，除了盈餘的確切分配記載外，成本明細表亦能幫助閱讀者正確評估企業的營運狀況。

閱讀財務報表可以幫助投資人判斷投資風險是否存在，以決定投資目標，甚至在求職時也可藉此了解企業的整體趨向，評估其獲利情形是否穩定、良好，具有未來經營性。

而當企業出現了以下情形時，就可能已不具有未來經營性：

▪ 財務方面

1. 負債總額大於資產總額。

2. 即將到期之借款，預期可能無法清償。

3. 過分依賴短期借款，做長期運用。

4. 無法償還到期債務。

5. 無法履行借款契約中之條件和承諾。

6. 重要財務比率惡化。

7. 巨額之營業虧損。

8. 與供應商之交易條件,由信用交易改為現金交易。

9. 無法獲得開發必要之新產品,或其他必要投資所需之資金。

✕ 營運方面

1. 對營運有重大影響之人員離職而未迅速找人遞補。

2. 失去主要市場、特許權或供應商。

3. 人力短缺或重要原料缺貨。

4. 未投保之重大資產發生損毀或滅失。

因此,總括來說,財務報表具有以下三種功能:

1. 企業擬定經營決策之依據。

2. 輔助投資者判斷投資方向。

3. 查看了解企業的償債能力。

了解財務管理，慎選財務人員

在現今競爭激烈的時代，企業經營需要更多的專業和知識。例如過去的老闆或許只懂得從損益表中找到「稅後純益」的項目，以「利潤」作為企業目標。然而現在，如台積電（TSMC）、京都陶瓷（Kyocera Corp.）等大企業均以「現金流量」分析作為企業經營的主軸，因此，這更進一步告訴我們財務管理的重要性。

此外，邁入21世紀不久後卻接連發生「安隆」（Enron）、「世界通訊」（Worldcom）這些舉世震驚的案件，在在都顯示了會計及財務對公司的重要性。

再會賺錢的公司，都可能因財務人員的「隻手遮天」而落得一敗塗地，更可憐的是那些無辜的小股東們。

因此，當我們了解這方面的重要性之後，對於會計、財務人員的操守更應該嚴格把關！這不僅需要在知識上教育，更應該在道德上多加施力才是。

💰 財務報表之相關使用者

▸1.內部分析（經營與管理人員）

評估各部門經營績效，並檢查企業內部之財務結構、營業結構是否健全，以作為管理決策與控制之參考。

分析重點：

- 了解企業財務狀況與經營績效。
- 獲利能力（了解目前及未來可能損益情形）。
- 業務推展情形。
- 了解目前的優勢與問題。

▸2.外部分析

⑴短期債權人：評估短期償債能力，作為短期授信決策之參考。

分析重點：

- 財務狀況。
- 資產之流動性與週轉性。
- 財務結構狀況。

⑵長期債權人：評估長期償債能力與付息能力，作為長期授信決策之參考。

分析重點：

・現金與資金流量預測。

・長期獲利能力。

・資本結構。

⑶權益投資人：評估企業股票之價值及風險，作為投資決策之參考。

分析重點：

・獲利能力。

・經營績效。

・成長能力。

・資本結構。

・財務狀況。

⑷審計人員（會計師）：以財務分析為查核工具，俾能對財務報表是否允當表達提供適當之意見。

分析重點：

・查核工作前，可透過財務分析，針對變動較大之項目設計更詳細之查核程序。

・查核過程中，可分析性複核與其他證實查核程序配合運用，據以證實會計科目之可靠性。

・查核工作結束後，可運用財務報表分析，對於報表之合理性做全面性的檢查。

(5)合併及收購的分析人員：評估合併對象之經濟價值，以作為合併決策之參考。

分析重點：與權益投資人大致相同，但需特別強調合併計畫中資產與負債之評價。

財務報表之種類

⊨ 1.四張主要財務報表：

(1)資產負債表。

(2)損益表。

(3)現金流量表。

(4)業主權益變動表。

⊨ 2.輔助性報表：

(1)資金日報表。

(2)單位成本分析表。

(3)各科目明細表。

(4)直接原料明細表。

(5)進銷（耗）存明細表。

(6)財產目錄。

「安隆案」的影響

　　曾經是美國第七大公司，總資產超過655億美元，全球員工2萬餘人，且榮獲無數好評的「安隆公司」（Enron Corp.）卻在2001年毫無預警的情況下宣布倒閉，這不但讓大眾開始對企業產生質疑，更對會計師的信譽產生了動搖。

　　且說安隆公司以電器、燃料起家，爾後從事「能源買賣的仲介貿易」，在1985年成立之後，營運初期尚且謹慎，但在貿易營運加大之後，為了掩飾虧損，於1996年後開始在財務報表上動手腳。

　　因其具有專營於金融衍生性商品及投資目的特別個體戶的設立（Special Purpose Entity，SPE），便用以虛飾公司的財務報表。但是在2000年之後，全球經濟陷入了低潮，在股價持續低迷的情況下終於東窗事發！

　　作假的方面不僅如此，該公司報表也由全球第五大的「安達信會計公司」（Arthur Anderson）經手，但卻連年串通做假帳，掩飾債務數百億美元，因此在事件爆發之後，安隆公司的債務評比降至了「垃圾等級」。

　　安隆公司的政商關係一向良好，因此許多人認為整件事情

與白宮政府有所關聯，而布希政府也多次接受其政治獻金，因此不只有市場，就連官員們也都人心惶惶。

其後，2002年美國參眾兩院通過法案，賦予證管會權力，可要求企業執行長為該公司的財務報表做個人背書，並大幅提高企業罰金及改善求償手續。在會計法方面，也設立獨立的監理機構，意在防止會計師與公司太過密切等行為。

在台灣，證交所亦對於公司財報審核從嚴，禁止會計師連續5年負責同一公司，並鼓勵在不同會計年度更換會計師，以維持其公正性及獨立性。

國產車地雷事件

　　1980年代，許多企業為了籌到更多資金，紛紛將股票上市，使得企業由個人或家族演變成為大眾所擁有。而在87年至88年間，因台股連續爆發（國產車漢揚集團、廣三集團、新巨群集團等）重大的地雷事件，股票市場中出現「借殼上市」的現象。企業只是達到上市的效果，實則是虛有其表，只是個空殼子。就像我們稱一個美女是「花瓶」一樣的道理，表面上看起來溫文儒雅美麗大方，一仔細瞧才知道只是外表好看，實際上卻沒有內涵與知識水準。

　　借殼上市很容易會出現「禿鷹」現象，禿鷹現象即是多數的經營者熱衷於股票的操作，企圖在各家公司交叉持股炒作股價，也就是在負面消息尚未公布前，有內線交易者融券放空，等待未來股價下跌之後再買回來補，一來一回的賺取價差。

　　在當時股票過度炒作的情況下，倘若管理當局持股比例不夠高，那麼就可能會發生瀆職的危險，例如過度投資。如果投資人又是在股票空頭時期深陷，那麼整個股市到最後一定是崩盤，局勢變得一發不可收拾且無法解套。

　　所以要了解整個上市公司對企業的影響，或者是企業與企

業之間的營運關係，都可藉由財報來一窺究竟。

另外，以企業的代理問題作為判斷依據是八〇年代的研究主流，企業的代理問題存在於股東與管理者及股東與債權人之間的代理關係，而財務管理的最終目的是要極大化股東的財富。

而要了解我們所投資的此股是否受禿鷹襲擊，可觀察董監事的持股比例之指標，董監事的持股比例如果一直持續下降，代表此公司極有可能為地雷股，投資人則要小心為妙。

力霸案

　　2006年12月29日，力霸企業集團旗下的「中國力霸股份有限公司」與「嘉新食品化纖股份有限公司」兩家企業傳出因巨額虧損及負債向台北地方法院聲請企業重整。

　　消息於隔年1月4日公佈之後，引發力霸旗下的中華商業銀行爆發擠兌。政府於是下令接管中華商銀，檢調單位亦著手進行調查，並發現該集團涉嫌大規模違法掏空及超貸。

　　「力霸案」在當時引爆了本土型金融風暴，在檢調單位鍥而不捨的追查之下，揭發王又曾等人藉由設立子公司、發行公司債、超貸、關係人交易、採購等不法手段掏空中華商銀、亞太固網、力霸與嘉食化超過7百億元，並買通會計師在財務報表上動手腳，以隱瞞掏空之事實。

　　力霸案同時創下多項檢察機關之紀錄：940頁的起訴書為檢察機關有史以來頁數最多；單一掏空金融機構經濟犯罪起訴書列名最多被告之案件；單一金融經濟犯罪案件掏空金融機構及向其他金融機構詐貸金額達約731億元、境管人數93人，皆為史上之最；檢調並動員偵查人力共4292人次、傳喚或約談涉案關係人1105人次，是史上動員最多人力之案件。

事實上力霸集團的財務不佳在政治圈及財經企業界已經不算是新聞，然而力霸集團竟能一路走來，不僅規模加速膨脹，還拿到了新銀行開放與固網的執照，這主要還是來自於緊密的政商關係。

　　過去政商掛鉤的現象相當嚴重，部分紅頂商人更是企圖依附政治勢力，將經營政商關係當成一種政治投資。但是金融是高度監理的行業，沒有清明的政治就不可能有進步的監理與金融業。

　　公布呆帳大戶只是一種道德訴求，效果有限。更重要的是必須斬除政商之間盤根錯節的糾葛，如此始可徹底消除弊端，防杜金融風暴的爆發。

【零營運資金運動】

對於CEO或CFO來說，他們每天花半數以上的時間在營運資金的管理問題上，也就是決定公司該持有多少百分比的流動資產，以及要用何種方法去融資。

在今日跨國企業的盛行之下，拿捏多一分或少一分都會影響公司的盈虧及市場消長的變化。假設能多減少一分營運資金的使用，就能讓企業有多一分錢去加強其他部門的經營。例如創立於紐澤西州的金寶湯公司（Campbell Soup Corp.）在推行「零營運資金」的運動下，減少倉儲及人力成本的成果是節省了近億美元的資金，以投入在研發及併購上，相對地也提高了集團的獲利。

大多數的美國企業，例如奇異（GE）、惠普（HP）等，早就推行此一概念。而在中國市場，海爾（Haier）算是引進此一觀念的先驅，這也得力於海爾較其他中國企業提早面對全球化競爭的問題。然而對於製造業來說，營運資金的節省對獲利面的助益更為明顯，在中國普遍的觀念裡仍認為「先造再說、東西倉庫堆」之際，海爾則堅持「有單再做」的原則，所以能與行之有年的美、日家電企業一較高下。

2-2 資產負債表（Balance Sheet）

　　資產負債表主要表達企業在特定日期所持有的「資產」，以及籌措、運用資金的來源：「負債」與「業主權益」。

　　該表所呈現的是企業結算時的財務狀況，所以又可稱為「財務狀況表」，其組成要素如下：

≍ 標題說明

　　資產負債表之標題說明應包括：公司正式名稱、報表名稱與編制日期。因為資產負債表在於顯示某一特定日的財務狀況，所以編制的日期應該是一固定日（靜態報表），例如民國95年12月31日。

≍ 資產

　　指企業所能以貨幣單位衡量，且具未來使用效益者，包括：現金、銀行存款、應收帳款、存貨、設備與建築物等。

　　此外，還包括具經濟效益卻沒有實質形體的「無形資產」，例如專利權、著作權等。

▪ 負債

指企業以前因交易所欠下的債務，能以貨幣衡量，且將來必須以勞務或經濟資源償還者，例如應付帳款、應付票據等。

▪ 業主權益

指投資者對企業所擁有之權益。企業結束後，資產必須先償還負債，再將剩餘部分分配給原投資者，所以業主權益屬於一種「剩餘權益」，等於資產減負債之差額。

而業主權益有兩種來源：一為投資者資本的投入，另一則為企業長久經營所累積盈餘。

隨著企業組織形態的不同，科目亦會有所差異。在獨資企業，包括資本主投資及資本主往來等科目；在合夥組織，包括合夥人投資及合夥人往來等科目；在公司組織，則包括股本、資本公積、法定公積及保留盈餘等科目。

財務報告採用IFRSs後之財務報表主要改變──資產負債表

下表為資產負債表採用IFRSs前後之會計處理差異:

差異	現行規範	未來採用IFRSs後	說明
資產	流動資產	流動資產	改變分類方式: 1.IFRSs下編製的資產負債表,注重協助投資人評估公司的流動性。 2.使公司投資人更能一目了然公司資產及負債狀況。
	基金及投資	非流動資產	
	固定資產淨額	──	
	無形資產		
	其他資產		
負債	流動負債	流動負債	改變分類方式: 1.IFRSs下編製的資產負債表,注重協助投資人評估公司的流動性。 2.使公司投資人更能一目了然公司資產及負債狀況。
	長期負債	非流動負債	
	其他負債	──	
股東權益	股本	歸屬於母公司業主之權益股本	以合併觀點表達: 1.少數股權→非控制權益。 2.非控制權益係指子公司之權益中非直接或間接歸屬於母公司之部分。
	資本公積	資本公積	
	保留盈餘	保留盈餘	
	股東權益其他項目	其他權益	
		非控制權益	

資料來源:台灣證券交易所(2011)─採用國際財務報導準則(IFRSs)後財務報告之重大差異

編制資產負債表的格式有兩種：一種是「報告式」，另一種為「帳戶式」。

（一）報告式

　　即將資產、負債與業主權益呈縱向排列（如表 2-1）。

表 2-1　報告式資產負債表

鴻海公司

資產負債表

民國95年12月31日

資產

流動資產
　　現金
　　銀行存款
　　有價證券
　　應收票據
　　應收帳款
　　存貨
固定資產
　　土地
　　房屋及建築物
　　生財器具
無形資產
　　專利權
遞延資產

開辦費
其他資產
資產總額

負債

流動負債
　應付票據
　應付帳款
　預收貨款
長期負債
　抵押借款
其他負債
負債總額

業主權益

股本
保留盈餘
業主權益總額
負債與業主權益總額

（二）帳戶式

以「T字」表示，表上的左方稱為「借方」，所記錄者皆為動產、不動產、債權等資產部分；表上的右方稱為「貸方」，所記錄者則為流動負債、長期負債等負債與業主權益部分（如表2-2）。

表 2-2　帳戶式資產負債表

鴻海公司

資產負債表

民國95年12月31日

資產	負債
流動資產	流動負債
現金	應付票據
銀行存款	應付帳款
有價證券	預收貨款
應收票據	長期負債
應收帳款	抵押借款
存貨	其他負債
固定資產	負債總額
土地	業主權益
房屋及建築物	股本
生財器具	保留盈餘
無形資產	業主權益總額
專利權	負債與業主權益總額
遞延資產	
開辦費	
其他資產	
資產總額	

資產的種類

鴻海公司

簡易資產負債表

民國95年12月31日

　　　　　　　　　　　　　　　資產

1. ←———— 流動資產
　　　　　　現金
　　　　　　銀行存款
　　　　　　有價證券
　　　　　　應收票據
　　　　　　應收帳款
　　　　　　存貨
2. ←———— 固定資產
　　　　　　土地
　　　　　　房屋及建築物
　　　　　　生財器具
3. ←——— 無形資產
　　　　　　專利權
4. ←——— 遞延資產
　　　　　　開辦費
5. ←——— 其他資產
　　　　　　資產總額

　　　　　　　　　　　　　負債
　　　　　　　　　　　　　業主權益

一般而言，資產可分為：

▶ 1.流動資產

所謂「流動資產」係指現金及其他預期可在一年或一營業循環內兌換為現金者。

流動資產可分為「速動資產」與「存貨資產」兩大類。現金、銀行存款、有價證券、應收帳款、應收票據等都屬於「速動資產」，其與存貨資產的差別在於變現過程是否必須包括「銷售行為」。

(1)速動資產

企業有時會因為某些不可抗拒的意外因素需要一筆週轉金，通常企業先由銀行存款支應，再售出股票或公司債等有價證券以籌措資金。這種可以「隨時變現」的銀行存款與有價證券，不必經由銷售程序就能簡單而直接地變成現金，就是所謂的「速動資產」，可以貨幣金額來表示，故亦稱為「貨幣資產」或「交付資產」。

(2)存貨資產

屬於「存貨資產」的商品，必須經過「銷售行為」的發生才能轉變為現金。但「速動資產」的應收帳款，則只要獲取對方的欠款便可獲得現金。依流動資產變現的流程長短，可將其排列如下：

- 現金。

- 銀行存款。

- 有價證券。

- 應收帳款、應收票據。

- 存貨。

此外，流動資產中的「預付款項」在一年內可沖銷者，列為「流動資產」；若沖銷期間超過一年以上，則作為「長期預付款項」，屬於「遞延資產」科目。

而「應收收益」則不因時間長短，一律以流動資產列示。

➤ 2.固定資產

固定資產係只有具體形狀，可供營運使用而不以出售為目的，且其使用年限超過一年者。如土地、礦源、房屋及建築物、機器設備、生財器具等都屬於「固定資產」。其中建築物包括辦公室、廠房、倉庫、電器、空調設備等附屬設備皆屬之。

「有形固定資產」會因使用年限的長久、使用時的耗損而價值漸減，而為符合實際的固定資產價值，企業必須按年提列「折舊」。

通常機器設備在企業資產中所占比例很高，耐用年限超過一年以上且金額較大者，皆屬於「固定資產」；至於耐用年

限尚不及一年且金額微小者，則視為「消耗品」，以「當期費用」入帳。

固定資產進行價值估計的標準，是以購進的價格減去提列折舊後的餘額為金額，至於折舊的攤提多寡並無特別的規定，經營者可依企業的財務狀況來增減提列金額，但稅法上仍有限制提列折舊的方式與耐用年數。

因此，若企業所提列的折舊額超過法定限額，其超過部分則不得列入「當期費用」，仍須繳納所得稅。

固定資產在企業資產中所占比例頗高，使用期亦長，因此除了資產負債表中的記載之外，有必要另設明細表，以求更加深入了解企業狀態。

此外，「土地」雖然亦屬「固定資產」，但通常其價值不會下跌，反而會因社會上的種種因素而上漲，因此原則上土地並不需提列折舊，這是「土地」與「其他固定資產」的最大不同。

而屬於營建業所建造完成待銷的建築物，是以「銷售」為目的，故應列入「存貨」而非「固定資產」。

台灣房地產的高漲，使得某些企業趁機購入土地以供日後建造使用，或待地價再高漲時出售以賺取差價，此種土地購置是以「投資」為目的，並未作為營業使用目的，所以亦不屬於

「固定資產」，而應列入「投資科目」。

▶3.無形資產

　　著作權、商標權、商譽與專利權等不具實質形態的資產都屬於「無形資產」。這些資產都具有法律上的實質益處，雖然「無形資產」不會因長期使用而出現耗損，但同樣在經過數年後會逐漸降低其價值，因此每年仍須攤提折舊。

　　資產負債表上的「無形資產」金額皆是減除攤提後的餘額。而「無形資產」有法定享有年數，例如營業權10年、著作權15年等。

　　屬於「無形資產」的「營業權」是較不能明確表現出益處的無形資產。在承接一家公司時，一般是估計該公司的資產總額，再扣除所有負債而得出淨資產。當該公司具有未來持續的經營能力時，便需在淨資產金額上另加上營業權的金額才是轉讓該公司的價錢。

　　但是此營業權的價值有可能隨著環境、時間的改變而使價值變為零。因此，雖然營業權的法定攤提年限是10年，但就健全財務內容而言，仍有公司在進行承接時便以保守做法列入「當期費用」。

▶4.遞延資產

「遞延資產」又稱為「遞延費用」，係指企業長期付款（或支出），其預期效果超過一年以上者。若此項費用龐大卻必須列入當年度費用時，則可能使公司負債過重，於是便將其逐年攤提。

但並非任何資產都能因高金額而隨意攤提。界定「遞延資產」的準則在於該資產所具有的效用是否可以遞延至往後年度，再以估計之效益年數攤提，如此不但可平攤各年度負擔，亦能達到收益與費用配合的會計原則。例如開辦費、廣告費、研究發展費用等皆可設置於遞延資產項目中。

「開辦費」是成立一家公司所必須之費用，凡組織該公司的費用，如公司章程製作費、宣傳費、股票印製費、設立登記規費等都是列入「開辦費」的範疇。

按理來說，開辦費是從企業開始營業到解散為止的時間內分攤，但依稅法規定，可分5年攤提。

而一項新產品問世，公司往往會為了開發市場，拿出一筆金額打廣告，如此此項產品的銷售活動便可持續下去。「廣告費」雖是初期的費用，但其效益卻可延續至銷售期的終止，因此可列為遞延項目。

「研究發展費」是公司為了開發新產品或進行生產改進而

支出的實際費用，此研究實驗結果有可能因產品的更加精益而對企業有長期的助益，因此可列入「遞延資產」。

　　如果企業的財務狀況良好，亦可將「遞延資產」列入「當期費用」。因為「遞延資產」雖屬於「資產」，事實上應是費用的遞延，因此歸入費用反而比較實際。而越是經營良好的企業，「遞延資產」應是相形減少才是。

▼ 5.其他資產

　　凡無法歸入以上四項者，皆屬於其他資產。

由「東隆五金案」看固定資產大增的問題

　　討論企業的「固定資產」，一般來說大概不脫離土地、廠房、機器設備等這些科目。固定資產在企業的總資產中所占有的比例，攸關於其企業規模與產業特性等因素，且更因為變現所需的時間較長、積壓現金較久等因素需要格外注意。

　　以「東隆五金案」來說，由民國85年至87年一路看下來，其「固定資產」金額逐年暴增的現象明顯，當然這方面多仰賴范氏兄弟在此期間跑遍東南亞投資房地產的功勞。

　　但對於「東隆五金」來說，並未因此固定投資增加而使營業額上升，反而出現下降的情況，且加上民國87年發生「東南亞金融風暴」，在房地產被嚴重套牢、貶值之下，不但使得公司承受巨額損失，也造成了週轉不靈的嚴重後果。

Case Learning

遠雄砸36億於福建買地

　　遠雄建設公司於2011年轉投資中國的海峽建設，以人民幣8億9百萬元買下福建省平潭綜合試驗區的三筆土地，總面積約76萬平方米。

　　而為因應龐大的購地與開發資金，海峽建設將有增資計畫，也會到海外籌資。遠雄企業集團董事長趙藤雄則透露，海峽建設有意上市，但因為成立不久，若要在香港掛牌，要等三年，所以有可能去美國那斯達克掛牌。

　　平潭島地處福建沿海中心區域，東臨台灣海峽，與台灣新竹港相距僅68海哩，是中國大陸距離台灣最近的區域，且中國十二五發展綱要明確列出「加快推進平潭島開發開放，平潭綜合實驗區將作為海峽西岸經濟區建設先行先試的窗口」。

　　根據遠雄建設購買土地的行為，從資產負債表中來看，土地是其資產也是其獲利工具。

　　而資產的獲得來源可分為：負債面（銀行借貸）、權益面（股票集資），此新聞中透露遠雄集團運用後者，是從股票市場當中籌措資金，以購買其資產。

　　而資產負債表只能看出表面的公司營運情形，像是此案例

國際財報很好懂
～從財務基礎到新舊制IFRS

中只能看出公司資產有土地、廠房、機器等，負債則有應付帳款，但卻無法知道該公司的誠信問題。

　　所以在評估一間公司時，不能只看資產負債表的資產、負債、股東權益來斷定一間公司的好壞。因為有時，在企業發展的潛力背後，此類看不見的因素才是影響企業成功的關鍵。

💰 負債的種類

```
                    鴻海公司
                 簡易資產負債表
              民國 95年 12月 31日
    ------------------------------------------------
                                    資產
                                    負債
    1. ◄──────  流動負債
                 應付票據
                 應付帳款
                 預收貨款
    2. ◄──────  長期負債
                 抵押借款
    3. ◄──────  其他負債
                 負債總額
                                    業主權益
```

　　一般而言，負債可分為流動負債、長期負債、其他負債：

➤ 1.流動負債

　　流動負債係指必須以「流動資產」或再產生新的「流動負債」來償還的負債，是必須在一年或一個營業週期內償還的「短期負債」。例如銀行透支、銀行借款、應付款項、預收款項等皆屬之。

「流動負債」必須合乎下列兩項條件：

⑴到期日在一年或一個營業週期之內。

⑵到期時必須以「流動資產」或發生新的「流動負債」來償還。例如債務以設置「償債基金」來償還，或到期時欲以「長期負債」或發行股票清償，而並非以「流動資產」或「流動負債」償還者，不需列入「流動負債」。

2.長期負債

係指可在下一年度或下一營業週期才需償還之負債，通常包括：應付公司債、長期應付票據、長期借款等。廠房及機器設備等硬體設備的使用年限長，企業所投入資金的回收時期自然會隨之延長。因此，此類長期性投資應以「長期負債」投入，若使用「流動負債」來投資，很可能發生週轉困難。

企業舉借外債來籌措資金的主因之一是利用「財務槓桿」。發售公司債與長期應付票據等長期債務證券之利息，皆以書面說明了金額多寡的固定費用，有一定的限額，但如果將此借入款投資運用，能產生較債務利息為高的報酬率，則不但可藉此利潤負擔利息，更因而增加額外一筆收入。

3.其他負債

「其他負債」又稱「遞延貸項」，凡不屬於上述二者，皆列於此項目。

【新巴塞爾資本協定】

從2006年開始，我國銀行體系面臨重大考驗，財政部要求施行「新巴塞爾資本協定」（Basel II）。主要是針對銀行體系的資本適足率（銀行自有資本淨額除以風險性資產總額所得之比率）之計提方式更加嚴謹。這是一種風險控管的要求，包括以下三大架構：

1.資本適足最低規定。

2.監理機關查核。

3.資訊公開及維持市場紀律。

在「Basel II」中的「資本適足率」融合「信用風險」、「市場風險」和「作業風險」三者，其中各有其計算方法，計提方式轉換上的困難是需要銀行業去適應及克服的。而此攸關企業對銀行借貸時，依照其風險性的不同而應有不同的貸款訂價。過去世界各國均是採用統一規定的形式，例如目前我國銀行法規定資本適足率為8%，然而在風險管理盛行的今日，早已顯現其不適用性與不合理性。

在大多數國際金融機構都採計「Basel II」的今日，台灣之強制推行，將有助於金融業與世界接軌更加嚴謹。

業主權益

鴻海公司
簡易資產負債表
民國95年12月31日

```
                              資產
                              負債
                              業主權益
  1. ←──────── 股本
  2. ←──────── 保留盈餘
                     業主權益總額
```

1.股本

透過發行股份為一良好增資方式，但若發行過多時，會產生「粥少僧多」的情形而影響到原有股東的權益。因此，企業若以舉借長期債務來增資經營，不但能獲得資金增加收入，亦無影響原股東之權益。

2.保留盈餘

企業每年度營運下的稅後淨利轉入保留盈餘，是企業籌措長期資金來源的方式之一。

【不同產業、不同資本結構】

產業基於產品特性與週期、生產方式的不同，使得各行各業的財務報表呈現不同的樣貌。以下分別比較航空業、汽車業與醫藥生技業在總資產、長期負債比率、總負債比率及股東權益報酬方面有何不同。

企業／代碼 2005／03／31	總資產 （新台幣）	總負債 比率%	長期附息 負債比率%	股東權益 報酬率% （2004）
華航2610	231,517,156	77.16	54.28	8.28
長榮航2618	116,709,200	62.19	34.05	8.00
中華車2204	61,227,767	31.68	6.56	13.44
裕隆車2201	68,715,181	28.09	8.25	13.10
威盛電子2388	22,498,252	31.88	9.94	-18.14
億光電子2389	8,670,451	31.51	0.00	21.00

資料來源：台灣證券交易所

由上表可以明顯看出：航空業普遍是高比率的負債，在固定資產相當大的情況下，也用於擔保長期負債，股東權益報酬率顯得相對較低；就電子業來看，固定資產相對較小，負債適中，但股東權益報酬率波動較大，風險較高，容易大起大落。

資產負債表採用IFRSs前後之會計處理差異

資產負債表差異	現行規範	未來採用IFRSs後
金融工具之分類與公允價值評估	於我國財務會計準則公報第34號「金融商品之會計處理準則」中規範,會計處理方式與IAS39規定相同。	➡IAS 39「金融工具:認列與衡量」,將金融工具分成4種類別,有較複雜之衡量方式,2013年首次適用之IFRSs報表仍採用此號公報之規定。 ➡IFRS 9「金融工具」簡化為——『透過損益或其他綜合損益以公允價值衡量』及『以攤銷後成本衡量』2種類別,該項公報主要精神在於採公允價值評價,惟此號公報延至2015年1月1日起實施。
遞延所得稅資產／負債為非流動項目	允許遞延所得稅資產或負債分為流動及非流動項目,並且當遞延所得稅有可能不會實現時,轉為備抵評價科目。	遞延所得稅僅能列為非流動項目,不能提列備抵,可以實現就認列,不能實現就沖銷。

資料來源:台灣證券交易所(2011)—採用國際財務報導準則(IFRSs)後財務報告之重大差異

2-3

損益表 (Income Statement)

　　損益表係將企業某一段會計期間的經營成果,亦即將一切收入與費用集中表現,用以表達這段期間的盈虧情形(動態報表)。

　　當收入大於費用時,所發生的盈餘稱為「純益」或「淨利」;反之,則稱為「純損」或「淨損」(如表2-3)。

⋈ 1.標題說明

　　損益表之標題應列示企業名稱、報表名稱與該表所記錄的會計期間,因為損益表是表達某一會計期間的經營成果。因此,報表上應列示該表所包含的日期,例如民國95年1月1日至民國95年12月31日或95年度。

⋈ 2.收益

　　「收益」係指企業因出售商品或提供勞務,或其他因營運所發生的一切收入。各行業的收益內容並不相同,但按其是否為該企業的主要營業行為所產生之收入,可分為「營業收入」與「非營業收入」。

此外，收益的抵銷項目（如銷貨退回、銷貨折扣等）不可視為費用，應列為「銷貨收入」之減項。

3.費用

為獲取收益所耗用的資產或勞務，又可分為「營業費用」與「營業外費用」。

表2-3　損益表

鴻海公司
損益表
民國95年度

銷貨收入
銷貨成本
銷貨毛利
營業費用
　銷售費用
　管理費用
營業外收入與費用
　利息費用
　投資收入
稅前淨利
所得稅費用
稅後淨利

💰 收益、費用的內容

✖ 1.銷貨收入

　　凡企業有主要營業項目而產生的收入皆屬之，例如以出售貨物為主的「銷貨收入」、提供勞務重點之「業務收入」。

　　由於已出售的商品有時亦會因品質欠佳或其他因素造成退貨或以折扣價賣出的情形，因而減少收入，所以銷貨收入應扣減此項費用，在損益表上設置「銷貨退回」與「銷貨折讓」等抵銷科目。而銷貨收入扣減「銷貨退回」與「銷貨折讓」之後才是實際上的銷售金額。

✖ 2.銷貨成本

　　銷貨成本只為了獲得銷貨收入所負擔的直接成本。

鴻海公司
損益表
民國95年度

- -

1. ◀───── 銷貨收入
2. ◀───── 銷貨成本
　　　　　 銷貨毛利
3. ◀───── 營業費用
　　　　　 銷售費用
　　　　　 管理費用

```
4. ◄────── 營業外收入與費用
           利息費用
           投資收入
5. ◄────── 稅前淨利
           所得稅費用
6. ◄────── 稅後淨利
```

✖3.營業費用

　　係指企業因營運所支出的各項費用（或稱為「間接成本」）。大致可分為「銷售費用」（或稱為「行銷費用」、「推銷費用」）與「管理費用」。

✖4.營業外收支

　　係指凡非因主要營業活動而發生之收入與費用。例如利息收入、租金收入、佣金收入、投資損失、處分固定資產損失等。

✖5.稅前淨利

　　係指公司實際的營業利潤。

✖6.稅後淨利

　　係指得以列入盈餘的投資利益。

不玩了

如果前景不佳、獲利走低，你還要玩嗎？

西門子（Siemens）的手機部門，每季虧損約1.4億歐元，雖尚有淨利，但在其他革新方法都無效的情況下，只得將這全球第五大手機的頭銜轉讓。

能處理掉已經是幸運了，若是資遣員工的話，扣除掉設備折舊的價值，大概還要多貼好幾億歐元吧！

同樣的，全球電腦界龍頭戴爾（Dell）於2005年宣布退出桌上型電腦事業，全力投注於筆記型電腦、印表機、伺服器等周邊產業。他們的目光絕不會是眼前一時的繁華。

然而，往往許多企業在決定撤資時會提出的理由，「不堪虧損」當然是其一，但絕不是唯一的理由。

2004年4月的新聞，大多圍繞著日本三菱汽車（Mitsubishi Motors Com）的召車事件，由於該公司因汽車設計失當造成了數起車禍，日後又隱瞞訊息，在面對召回車款檢修及信譽掃地的情況下，求援於最大股東戴姆勒克萊斯勒集團（Daimler Chrysler），但最後戴氏仍未伸手援助，並將持有的37％股份折現處理。

戴氏進行此行動的原因在於：「三菱集團」當時搖搖欲墜，累計虧損約19億美元，主要問題的原因更在美國市場購車信貸的呆帳與召回車款的檢修費用，雖然其後可取得50%的三菱股權，但戴氏擔心投入血本無歸。

　　此外，戴氏旗下的克萊斯勒車廠在美國市場失利，無力抽身亦是原因之一。然而，戴氏如此的做法卻能保住集團的資金運用，不失為明智之舉。

【短期融資借貸】

絕大多數的產業都會受到銷售淡季或旺季的影響，而這種現象可從零售業上明顯看出。

在美國，零售業的旺季從感恩節到聖誕節的這段期間，銷售量大約就占了全年營業額的1/3，而聖誕節一過，看看零售業的存貨就可知道今年的業績如何了。所以，廠商為了拚這個熱度，都會以「短期融資」做準備，以增加庫存，例如玩具反斗城（Toysrus）和沃爾瑪（Walmart）都是積極備戰的一群。

受到零售商的影響，食品製造商也會提前運作，因此才會盛傳著這句話：「淡季做市場，旺季做銷量」，實在不假。

然而短期借貸的利率不低，許多企業都多少懷有些「賭」的成分在裡面，一旦結果不如預期，就可能面臨不小的損失，甚至倒閉。

而由1989年日本房地產泡沫化及1996年泰國房市泡沫化中最能看出，當大量的投機性熱錢注入泡沫化的市場中，在利率走升和貨幣重貶的情況下，迅速流失的價值將使企業不堪負荷而宣告破產，連帶也賠進去的便是金融業。

Read More……

【老店翻新——台火公司】

在資源匱乏的戰後歲月，火柴是民生的重要物資，就如同台糖、台鹽、台灣菸酒公賣局等。但隨著台灣物質條件的逐漸改善，它卻在此快速變化之下退居幕後。

「台火」於民國38年正式更名為「台灣火柴股份有限公司」，其位於台中市南屯區有著大片土地。而台火李家先知灼見，於民國59年即掛牌上市，一直以來居台灣老字號的上市公司之列。在爾後的歲月中，「台火」逐漸轉型成以投資性質為主的公司，無論是汽車、證券、科技類股及紡織台鳳等傳統產業，均可看到「台火」的身影。而這些年更投資手機網路等新興產業。

有鑑於此，民國87年「台火」更名為「台火開發股份有限公司」，旗下尚有「永利證券」、「台火投資」等公司，因其挾有大筆資金，便漸以「控股公司」的型態跨足開發重大投資案，在該領域占有舉足輕重的地位。

「台火」曾經在1980年代末期的股市泡沫中榮登榜首，也曾因繁華褪去而跌落谷底。但近年來，在油價燃料大漲的情況下，屬於老招牌保值型的「台火」股價卻是一路翻紅。

財務報告採用IFRSs後之財務報表主要改變——損益表

損益表採用IFRSs前後之內容比較：

	現行規定	IFRSs規定	說明
相同項目	營業收入、營業成本、營業毛利	營業收入、營業成本、營業毛利	兩者無差異。
	營業費用、營業利益	營業費用、營業利益	
	營業外收入及支出	營業外收入及支出	
	稅前淨利、繼續營業單位本期淨利、本期淨利	稅前淨利、繼續營業單位本期淨利、本期淨利	
	每股盈餘	每股盈餘	
刪除項目	非常損益	——	原性質特殊且不常發生的損益，在IFRS下，仍視為正常營運風險。
	會計原則變動之累積影響數	——	若有重大會計原則變動時，應該直接追溯重編前期財務報表。
新增項目	——	其他綜合損益	◆可充分揭露權益變化情況。 ◆備供出售金融資產未實現損益及確定福利計畫精算損益等均應納入。完整瞭解管理階層的經營績效。
	——	本期綜合損益總額	——

其他綜合損益包括項目說明：

項目	相關準則	說明
重估價準備之變動	[10] IAS 16 [11] IAS 38	IFRSs下禁止採用重估價法，故財報不顯現此項目。
確定福利之精算損益	IAS 19	◆若企業選擇將精算損益立即認列入其他綜合損益時始有此科目； ◆若企業選擇採緩衝區法則不會出現此項目。
國外營運機構財務報表換算之兌換差額	[12] IAS 21	似ROC GAAP下表達於權益變動表項下之累積換算調整數
備供出售金融資產再衡量之損益	[13] IAS 39	似ROC GAAP表達於權益變動表項下之金融商品未實現損益

資料來源：台灣證券交易所（2011）—採用國際財務報導準則（IFRSs）後
財務報告之重大差異

附註[10]　IAS 16：國際會計準則第十六號（稱IAS 16），所規範之不動產、廠房及設備，係指為達成營運目的所持有之固定資產。

附註[11]　IAS 38：國際會計準則第三十八號「無形資產」（稱IAS38）之目的，係對並未明確在另一準則規定之無形資產訂定會計處理。

附註[12]　IAS 21：國際會計準則第二十一號（稱IAS21），功能性貨幣別的決定及外幣交易之處理。

附註[13]　IAS 39：國際會計準則第三十九號（稱IAS39），為有關金融商品之會計準則，主題為「認列與衡量」。

2-4
現金流量表（Statements of Cash Flow）

編制現金流量表的目的如下（如表2-4）：

1. 表現企業當期的實際現金流量，並預估未來之淨現金。
2. 評估企業償還能力與支付股利的能力。
3. 可看出企業該期間投資於廠房設備及其他非流動資產的金額。
4. 評估企業需要多少對外融資。
5. 評估企業在現金基礎下的現金與非現金的投資、理財活動。

➤ 1.標題說明

現金流量表之標題應列示企業名稱、報表名稱與該表所記錄的會計期間。因為「現金流量表」是表達某一會計期間的現金流量變化（動態報表），所以報表上應列示該表所包含的日期，例如民國95年1月1日至民國95年12月31日，或民國95年度。

2.營業活動所發生之現金流量

　　進行營業活動而產生的現金流入與流出，都屬於由營業活動所產生的現金流量。一般而言，凡是會影響損益的交易科目，多歸為此類。

　　損益表上「純損益」是以「權責基礎」計算出來的，與現金流量並不相等，故應調整為以「現金基礎」計算，方可得出營業活動之現金流量。

3.投資活動所發生之現金流量

　　一般而言，此類現金流量包括：非流動資產的流入、流出以及營業活動無關的流動資產之增減。例如購買（或出售）固定資產、增加長期投資或短期投資、處分長期投資等收支，皆屬於此類型。

表2-4　現金流量表

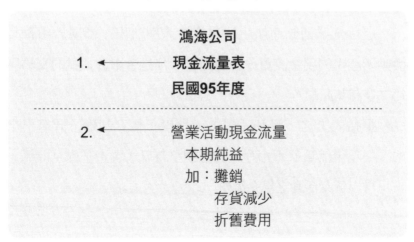

減：應收帳款增加
　　　應付帳款減少
3. ◄──── 投資活動現金流量
　　　出售建築物
　　　購買土地
4. ◄──── 理財活動現金流量
　　　發行股票
　　　發放股利
　　　本期淨現金增加（減少）

▸ 4.理財活動所發生之現金流量

　　凡涉及向債權人的交易項目，例如借款、償還債券、發行票券、抵押債券、發行股份、支付股利等皆屬於理財活動（但利息支出一般都列入營業活動之現金流量）。

營業活動所發生之現金流量

　　進行營業活動而產生的現金流入與流出，都屬於由營業活動所產生的現金流量。一般而言，凡是會影響損益的交易科目，多歸為此類。

　　損益表上之「淨利（損）」是以「權責基礎」計算出來的，與現金流量並不相等，故應調整為以「現金基礎」計算，方可得出營業活動之現金流量。

營業活動之現金流入通常包括：

1. 現銷商品及勞務、應收帳款或票據收現。

2. 收取利息及股利。

3. 其他非因理財活動與投資活動所產生之現金流入，例如訴訟受償款、存貨保險理賠款等。

營業活動之現金流出通常包括：

1. 現購商品及原料、償還供應商帳款及票據。

2. 支付各項營業成本及費用。

3. 支付稅捐、罰款及規費。

4. 支付利息。

5. 其他非因理財活動與投資活動所產生之現金支出，例如訴訟賠償、捐贈及退還顧客貨款。

營業活動之現金流量包括影響當期損益之交易及其他事項，有助於了解當期損益與營業活動淨現金流量之差異，故因理財活動所產生之利息費用付現與投資活動所產生之利息收入及股利收入收現，均應視為營業活動之現金流量。

【以現金流量觀點，評估長期投資】

大型投資案件其評估角度均以市場面或需求面來考慮，其實更重要的是須以「現金流量」的角度來考慮，因「現金流量」的不足會造成赤字而倒閉。而大型投資案礙於「現金流量」而停滯不動的案例比比皆是。

宏碁（Acer）創辦人施振榮先生回憶道，當年進入的「榮泰公司」原本營運良好且業務蒸蒸日上，但卻因為老闆的理財觀念不對，加上投資失當，致使最後在銀行團及同行未出手相助的情況下，由於「現金流量」的不足而倒閉收場。

企業在制定決策前，應先提供完整的財務分析報表，使決策制定時能得到相輔相成的作用。資訊科技進步，使得企業可以快速出具報表，一般大眾亦可藉由各項公開管道取得財務報表。

而財務報告中的四大報表之一———現金流量表，其數字變化更與企業的營運績效息息相關。從現金流量觀點出發去涉算預估損益表，即可決定要籌措多少資金作為長期投資。

投資活動所發生之現金流量

一般而言，此類現金流量包含：非流動資產的流入、流出，以及營業活動無關的流動資產之增減。

例如購買（或出售）固定資產、增加長期投資或短期投資、處分長期投資等收支，皆屬於此類型。

投資活動所產生之現金流入通常包括：

1.收回貸款及處分約當現金以外債權憑證之價款。

2.處分權益證券之價款。

3.處分固定資產之價款。

投資活動所產生之現金流出通常包括：

1.承做貸款及取得約當現金以外之債權憑證。

2.取得權益證券。

3.取得固定資產。

理財活動所發生之現金流量

凡涉及向債權人舉債的交易項目，例如借款、償還債券、發行票券、抵押債券、發行股份、支付股利等，皆屬於理財活動（但「利息支出」一般都列入營業活動之現金流量）。

理財活動所產生之現金流入通常包括：

1. 現金增資發行新股。

2. 舉借債務。

理財活動所產生之現金流出通常包括：

1. 支付股利、購買庫藏股票及退回資本。

2. 償還借入款。

3. 償付延期價款之本金。

【創造營運現金的法寶】

原料存貨生產成為商品的期間短,收帳要快,支付廠商的貨款要有精打細算的方案。隨著不斷發生赤字倒閉的案例,企業經營者逐漸重視起「現金流量」的問題。而如何能加速營運資本的週轉,提高現金的使用率,是財務人員的一大重要課題。

然而,知易行難!原料存貨只要進入貨倉,就是積壓現金,要如何能快速地製造加工商品,依目前的生產管理技術而言不是難事,反而是原料能否即時供貨不斷炊才是重要議題。

至於帳是否能收得快,就會面臨到一大抉擇,買方會針對商品的信用賒帳條件而有所取捨。企業必須在積壓資金成本以提供買方較優惠的放款天數與買方意願低落造成銷售額下滑之間做一取捨。所以,金融商品中的應收帳款買斷這項業務會大行其道不是沒有道理。

最後,對於供應商的付款方案,則往往取決於何者較為強勢。例如中小型企業供貨給大型上市公司,所談的收款條件往往超過3個月以上,即是最好的證明。

不影響現金流量之投資理財活動

　　重要的投資理財活動雖不影響現金流量，但仍應列入現金流量表中，以充分表達企業所發生之活動，例如以債券交換固定資產等活動。

「富邦」錯單事件

　　「天有不測風雲，人有旦夕禍福」，以富邦集團為例，因電腦新系統上線，營業員操作不熟練，導致了「錯單」77億元，而富邦集團在全體總動員下，一口氣準備好相當之準備金，緊急進行危機處理，即是一例。

　　企業發生週轉不靈的財務危機，大部分是因為犯了「以短支長」的資金籌措禁忌。

　　中小企業因資金需求與金融機構往來時，常發生向金融機構貸得短期資金移作長期使用的情況，如此會危害企業償債與變現能力之確保，一旦產生營運資金缺口或者是銀行緊縮銀根，將會造成不可收拾的後果。

為什麼要重視現金流量表？以博達案為例

一般會計資訊帳上採用「權責基礎制」，也就是說當公司出貨時錢沒有收到，在會計上一樣可以記在帳上，這就是瑕疵。

企業的帳面財務表現受到會計方法的影響，所以在管理當局的操縱下，投資人無法正確判斷公司是否可以投資，但是現金流量表是以實際的發生作為判斷標準，管理當局無法操縱現金流量。

博達其董事長當年派人在海外成立五家子公司，然後將自己公司的貨物以後付款的方式賣給國外公司，使帳上應收帳款特高，也就表示資產很多，但資產過多實則為一種警訊！

同時我們應注意應收帳款周轉率及收帳天數，如果應收帳款收款天數很長，代表這公司賣出的貨物都沒收到錢；如果應收帳款的額度很高，代表這間公司很可能是地雷股，所以不要投資。

博達經營階層因熟知投資人的這種投資習性，就特意將應收帳款出售給羅佰銀行，於是帳上多的是受限制用途的現金，且是未揭露的現金，不是應收帳款。

當事件發生時，現金流量表上的68億現金瞬間蒸發，所以羅佰銀行發現應收帳款倒了，才又立刻將68億現金抽回。

　　國內前四大會計事務所的專業度高，也很值得信任，但會計資訊是可以造假的，不論企業公司是否是請國內前四大會計事務所來編報表，報表都無法、且不能作為投資人單一操考之資訊。惟有公司發放現金股利的實力是無法造假的，所以現金流量表非常重要。

【公司業績好卻倒閉？】

　　對於公司的經理人來說，最重要的部分就是營業活動現金流量的項目。一家公司的規模再大、業績再好，也可能會面臨倒閉的命運。如同一個歌星影星一開始發光發紫且星途無量，所有人對他的未來一片看好，但卻可能會因為個人誤踩地雷或者做了荒唐事而自毀星途，被大眾唾棄，抑或是因大環境已改變必須退居幕後。

　　而影響營業活動現金流量最重要的就是應收帳款與存貨這兩個因素，公司的業績好，代表公司銷售非常多的商品，也就代表必須生產更多的產品銷售給顧客，因此應收帳款的金額就會累積愈多。

　　在損益表中，產品銷售出去即可以列為收入，但是實際上你並沒有收到這些錢，所以在現金流量表中必須列入減項。許多經理人往往只顧著衝高業績，卻忽略了現金流量的問題，因營業額衝得愈高，公司的資金愈吃緊，都卡在應收帳款或存貨上，支出的錢比收回來的錢要多，導致資金週轉不靈，只有倒閉一途。

　　再怎麼精確地分析數字，最終還是應該回歸到公司營運策

略，每個產業的結構特性不同，因此報表數字所隱含的意義也不相同，我們不應以數字多寡來決定產業利潤好壞。

　　除了公司策略之外，經理人還需要透過財務管理作風險的評估，使內部策略與外在環境相互搭配，以作通盤的考量，而非單看景氣大好或營收高漲就大舉擴張與投資，也非一味地複製過去成功經驗而無視於外在環境的改變。這也正是為何數字管理如此重要的原因，在此作為對經理人的一種提醒。

財務報告採用IFRSs後之財務報表主要改變──現金流量表

現金流量表採用IFRSs前後之內容及會計處理差異：

差異	現行規範	未來採用IFRSs後	說明
現金及約當現金定義	資產負債表之「現金及約當現金」金額通常等於現金流量表之現金及約當現金。	現金包括庫存現金及銀行存款。約當現金係指短期並具高度流動性之投資，該投資可隨時轉換成定額現金且價值變動之風險甚小。	➡ 資產負債表「現金及約當現金」係指庫存現金活期存款及可隨時轉換成定額現金且價值變動風險甚小之短期且具高度流動性之投資。 ➡ 企業應揭露現金及約當現金之組成部分，及其用以決定該組成項目之政策。 ➡ 現金流量表之所稱「現金及約當現金」係符合國際會計準則第七號公報之定義者。

| 利息與股利分類公司可自訂 | ➡利息收入、利息費用及股利收入，作為營業活動現金流量。
➡現金股利作為融資活動現金流量。 | ➡利息收入與支出將分開列示，公司可依其性質選擇擺放在營業活動、投資活動或籌資活動項下。
➡股利亦須分為股利收入及股利支出，依其性質選擇擺放。 | ➡從稅前損益為編製起始點。
➡利息收現及付現數、所得稅收現及付現數為單獨表達科目。
➡收取利息及股利與支付利息之分類由公司自行決定。 |

資料來源：台灣證券交易所─採用國際財務報導準則（IFRSs）後財務報告之重大差異

2-5
業主權益變動表（Statements of Equity）

　　業主權益變動表在於顯示企業在某段會計期間內，業主權益的增減變動情形（如表2-5）。

▶ 1.標題說明

　　業主權益變動表之標題說明應包括：公司正式名稱、報表名稱與編制日期。因為業主權益變動表在於顯示某一特定日的業主權益狀況（靜態報表），所以編制的日期應該是一固定日，例如民國95年12月31日。

▶ 2.內容

　　業主權益變動表所含的項目較保留盈餘表多，內容主要有：期初權益數、本期增減原因（如本期純益轉入、出售固定資產收益、盈餘分配、業主減資等）及期末權益數額。

　　一般而言，「增資」是影響業主權益變動表的經常因素。而增資的方式有：現金增資、盈餘轉增資、資本公積轉增資。

　　公司因發行新股份而對外募集資金，此途徑稱為「現金增資」，新股發行價若高於面值（即「溢價發行」，通常是該

公司具前景或已是賺錢狀態下），其中「溢價」的部分則轉入「資本公積」。

將盈餘或資本公積的部分金額以「發行股利」的方式轉入股本，則屬於「盈餘增資」或「資本公積增資」。

保留盈餘部分的是「法定盈餘公積」、「特別盈餘公積」、「未分配盈餘」等皆決定於公司盈餘。

依〈公司法〉的規定，公司盈餘必先提列10%的法定公積，再由剩餘部分分配予股東作為股利；但若法定公積已超過資本總額50%時，公司得以將超過部分分派為股利。此外，法定公積若已達資本總額時，便不需再提存，可將半數公積轉投資為資本。

「特別公積」是公司為特定目的所特別提存的公積，例如公司想要在若干年後購買機器或其他的生財器具而特別提存的公積。但如果受到經濟不景氣的影響或公司政策的轉變，影響了該投資的進行，則特別公積可轉列為股利的分配，惟此處理方式並不多見。

表 2-5　業主權益變動表

鴻海公司

1. ←───────────── 業主權益變動表

民國95年12月31日

項目	股本	資本公積		保留盈餘			合計
	普通股本	普通股溢價	庫藏股交易	法定公積	償債準備	未分配盈餘	
年初餘額							
增資發行							
純益							
期末餘額							

2. ←

國際財報很好懂
～從財務基礎到新舊制IFRS

Read More......

【企業永續經營之道】

　　企業如同一艘輪船，確定目標後，在航行中必須藉由財務管理之手段，來挹注企業前進的「油料」。而股東的投資與支持是最初形成這艘輪船的核心元素。

　　所以，企業的決策者在面臨股東權益的抉擇之際，必須謹慎拿捏，究竟是以單純的股東利益做最大化考慮，還是按綜合性財富最大化觀點，以持平的角度將股東利益與企業報酬做長期的布局，掌控投資報酬的分配方式與風險控管，藉此累積與壯大企業資源，往企業永續經營的方向邁進。

　　環顧當前實行「平衡股利」政策的台塑三寶等績優股，在「股海」的沉浮中屹立不搖，隨著時間的延展，奠定集團事業的基礎，並能考慮社會責任，一步一腳印地構築出整個企業王國。反觀部分著眼於「股利」政策亮麗的上市公司，如同「曇花一現」的例子卻比比皆是，頗值得深思玩味。

業主權益

「業主權益」是單指公司組織之股東權益而言。

企業的組織型態有三：獨資、合夥及公司三種，其中以公司組織最為複雜，其資產、負債、收益與費用的會計處理與前二者相同，唯獨「業主權益」（或稱股東權益）之實務處理較為複雜。

而股東權益的組成有二：一為股東投入之資本，二則為保留盈餘。企業因營運所獲得的利潤盈餘有幾種處理方式，除了提列股利分配額的十分之一盈餘於「法定公積」之外，其餘可悉數作為股利發放；或是部分提列於「特別公積」、部分轉入「保留盈餘」，而不派分股利。如下說明：

1.法定公積

為法令所特別規定，企業必須在每年度的股利分配額中，提列出十分之一的法定公積，而此公積只可用於彌補企業虧損或轉入資本，不可挪為他用。

2.特別公積

特別公積，顧名思義該公積為特別用途所設置，用途的不同可提列不同之特別公積，與「法定公積」一樣，不可挪作其他用途。

3.保留盈餘

　　保留盈餘之用途並無特別規定，企業可視情況挪用，屬於自由性公積。但並非每家企業都能提列保留盈餘，當企業連續出現虧損時，則稱為「累積虧損」。

Read More......

【未上市的背後】

2001年諾貝爾經濟學獎得主麥克‧史賓斯（Michael Spence）提倡「資訊經濟學」，強調資訊具有「隱藏性」及「不對稱性」。然而在市場難以達成「效率市場」的情況下，有關的內線消息及內線交易造成了極不公平的競爭。

現在的網路當紅炸子雞Skype成立僅數年，因免費提供網路電話通訊軟體，使全球顧客暴增了4千多萬，成長迅速，但卻為一私人控股公司，為保持原始股東的利益，不在公開市場上市集資，以免被稀釋利益，主要也是因未來情勢看漲，不想與別人分一杯羹（即使目前不收費），因此像Bessemer、Mangrove等私人投顧仍大力支援財務。

然而在雅虎（Yahoo!）及微軟（Microsoft）爭相競購之下，成立僅2年，其身價暴增為41億美元，後由eBay購得。

此種現象也普遍出現在生物科技及光電科技產業上。例如位於龍潭的「全新光電」，專產砷化鎵磊晶片，適用於手機，前景看好，雖其未上市的股票股價高漲，然而僅為數家投顧公司及大股東們所持有。

Read More......

【另類戰爭，多國籍企業兵團】

上個世紀和上上個世紀（1900年、1800年），西歐各國基於經濟利益展開全球殖民，瞄準的是戰力薄弱的國家：中國、印度、美洲、非洲——在這些國家的屈服之下，走過了戰爭。

而現在取而代之的是「多國籍企業」（MNCs，Multinational Corporation）的出現，在學理上，只要營運超過兩個國家以上的企業皆屬之。

現今常聽到的Coke-Cola、Nike、Toyota、McDonald's都是這類型的企業，也就是俗稱的「跨國企業」（Transnational Corporation），但學理上，「跨國企業」與「多國籍企業」不盡相同，但其共同目標就是——賺世界的錢。

而大多數成立MNCs的共同理由都是：原有所在市場的銷售成長遲緩。舉例來說，惠而普（Whirlpool）是美國家電市場的龍頭，80年代後期，由於美國市場趨於飽和，於是展開全球擴張策略，因此從歐洲到亞洲，都有「惠而普」的身影。

而以「惠而普」全球銷售來看，2004年之銷售額132億美元，美國以外的市場就占了50億（將近40%）。這些地區普遍

處於成長期，未來在50億人口的需求與不斷深化市場的情勢之下，重要性一定會超過美國市場本身。

　　而這些強大的外國企業排山倒海地進軍他國市場，對當地的企業也帶來極大衝擊，奪取了相當程度的市場，也可以說是另一種「侵略」了。

2-6
從不同商業交易方式來了解財務報表

　　從不同商業交易方式來了解財務報表，在此舉一個例子做說明：

　　假設有一間電腦公司買進2萬元之電腦配備材料，組裝後以4萬元賣出，該公司會因交易方式不同而對最終財務報表（資產負債表、損益表、現金流量表）有著各種不同之影響。

　　本例包括下列四種交易方式（請參照表2-6）：

▓ 1.現金買進產品，現金賣出產品

　　A類是「完全的現金交易」，也是最簡單、最傳統之交易方式，若與目前電子商務交易方式相比，最大的不同就是「信用卡交易」且非面對面地進行，電子商務交易方式是經由網路（Internet）來進行。

　　此類交易型態之代表性行業是傳統夜市小吃攤。因此型態是完全的現金交易，所以收入＝收益、支出＝費用，故利益就等於手邊所有的現金2萬元。

2.現金買進產品，賒帳賣出產品

B類是「現金買進」、「賒帳賣出」，此類是四種交易方式中最需重視資金籌措管理的，因其必須向外籌措不足之資金。

從B類之資產負債表及現金流量表中可看出現金不足2萬元，故必須向外籌措不足之現金。

此類交易型態之代表性行業有傳統砂石業、中盤商（如賣海產產品給餐廳的中盤商）等。

3.賒帳買進產品，現金賣出產品

C類是「賒帳買進」、「現金賣出」，此類是四種交易方式中資金剩餘最多之一種，亦是最需投資理財人才之產業。

從C類之資產負債表及現金流量表中可發現無須支付現金，而擁有銷貨收入的全部現金金額4萬元。

此類交易型態之代表性行業為百貨公司。

4.賒帳買進產品，賒帳賣出產品

D類是「賒帳買進」、「賒帳賣出」，此類是四種交易方式中最普遍之交易方式，完全沒有現金流動，即使有2萬元的收益，現金仍為零。

此類交易型態之代表性行業為製造業。

從以上的例子可發現，損益表不會因交易方式不同而有所差異，但資產負債表及現金流量表就會產生不同之影響。

表 2-6　交易方式不同產生不同之財務報表

	現金流量表	損益表	資產負債表	
A	現金流入4萬 現金流出2萬	收入4萬 費用2萬	流動資產 現金2萬	流動負債
	現金淨流入2萬	利益2萬		業主權益 本期利益2萬
			2萬	2萬

	現金流量表	損益表	資產負債表	
B	現金流入0萬 現金流出2萬	收入4萬 費用2萬	流動資產 應收帳款4萬	流動負債 短期銀行借款2萬
	現金淨流出2萬	利益2萬		業主權益 本期利益2萬
			4萬	4萬

	現金流量表	損益表	資產負債表	
C	現金流入4萬 現金流出0萬	收入4萬 費用2萬	流動資產 現金4萬	流動負債 應付帳款2萬
	現金淨流入4萬	利益2萬		業主權益 本期利益2萬
			4萬	4萬

	現金流量表	損益表	資產負債表	
D	現金流入0萬 現金流出0萬	收入4萬 費用2萬	流動資產 應收帳款4萬	流動負債 應付帳款2萬
	現金淨流入0萬	利益2萬		業主權益 本期利益2萬
			4萬	4萬

Read More......

【海外租稅天堂與OBU操作】

一般所謂的「境外公司」（Offshore Company，或稱「離岸公司」），泛指非註冊於本國的公司。

常與之並稱的是「OBU」（Offshore Banking Unit，境外金融中心）。

這些所謂的「境外地區」（又稱為租稅天堂），通常是些人口不多的殖民小島，像是英屬維京群島（BVI）、開曼群島、薩摩亞等等地區（分為適合交易及控股兩類地區）。

大抵上，這些地區之註冊手續簡單、費用低廉、快速且限制又少，通常僅需一名掛名的股東、數千美元的申辦費，最多一個月就可申辦成功。

運作方式是由母國企業在這些地區申請設立國際控股公司，以其名義做跨國投資，享有的好處是規避母國本身的法令限制、擺脫國家政治的影響和坐享免稅的巨額利益。

而在資金調度上，也結合OBU的靈活操作，此種專門游走在國際「三不管地帶」模式的紙上公司，這些年也極力受到財政部的重視與關切。

但因其對企業國際布局具有一定的正向幫助，故我國於

2002年開放「大陸OBU通匯業務」，允許台商以海外子公司的名義對大陸地區進行匯入或匯出，這對廣大的台商融資來說具有相當大的幫助。

Read More......

【美國的企業治理——在一連串弊案之後】

2002年美國國會以迅雷不及掩耳的速度通過「沙氏法案」（Sarbanes-Oxley Act，簡稱SOX），布希總統（George W. Bush）並誇示這是繼小羅斯福總統（Franklin Delano Roosevelt）後最大的企業改革。

其實，過往美國對會計師來說，本身就有像「公開發行公司會計監理委員會」（PCAOB）與「美國會計師學會」（AICPA）等機構，以規範會計師行為的準則。

然而SOX又增添了稽核、會計師更換年限、利益迴避的旋轉門條款，以及企業財報需經CEO簽署等，無疑是要讓美國的企業財報更加透明化。

這樣的約束造成了數個特殊的現象：

第一、由於在紐約證券交易所（NYSE），與納斯達克（NASDAQ）上市的公司，本身就須符合高標準的約束，所以「沙氏法案」對這些體質優秀的企業來說，似乎無關痛癢；

第二、企業財報需揭露更多的資訊，於是現在企業財報的附錄高達數百頁；

第三、企業基於眾多規範，需花費更多的成本來達成，於是便轉考慮其他市場上市或有意退出市場。

　　根據「花旗」的統計，2005年國際上市案有90%集中在英國和盧森堡完成，對照5年前卻都集中在美國。

　　然而在現階段我們無法斷言SOX的功過，但顯而易見的是，SOX確實帶動了其他國家推動企業規範法案的改革。

Read More......

【中國稅，又改了】

2004年，在中國人民代表大會中確立了以稅制改革為重點財政方向。對台商而言，受影響最大的莫過於出口退稅機制的調整、增值稅改革、企業所得稅統一與改善個人所得稅制等方面。

首先，外商在大陸多半以「出口導向」為基礎，這也是中國競爭優勢之一，為中國政府帶來相當程度的財政負擔。

而退稅率的調整，一方面抒解財政，另一方面也緩和了國際對中國經常帳餘額的壓力。然而電子類仍是列為享有17%的優惠出口項目。

此外，增值稅的改革由現行的「生產型」轉為「消費型」，即是由只允許扣抵原料等稅金，轉為包含生產設備都入列的形式，這對從事生產事業是一種激勵，但對附加價值高的產業來說則是另一項打擊。

例如現行安裝業只收取3%稅率，但改革後計入加工、修鍥等價值，對銷貨毛利徵收17%稅賦。

而統一企業所得稅則是如同「加稅」，因為現行吸引外商的誘因是所得稅率僅15%，當地企業則是33%的水準，如果均

拉至25%，等於少賺了一成的利潤，茲事體大。

為了弭平所得差距，將拉高稅徵基點與調整稅率比重，配合嚴格查稅與對高價格的奢侈品課稅，如此預料將可擴大稅基。

中國是一「人治」的國家，存在著極大的國家風險，如何能在其中安居樂業，在在考驗著企業家的智慧。

Chapter 3
新舊財務報表差異追追追

★ 3-1 財務報表條文修正之重點

★ 3-2 合併報表

★ 3-3 收入認列

★ 3-4 產業實例（金融業、半導體業、電子通訊、營建業）

3-1 財務報表條文修正之重點

💰 IFRSs財報適用導入時程二階段

第一階段（2013年）：上市上櫃公司、興櫃公司及金管會主管之金融業（不含信用合作社、信用卡公司、保險經紀人及代理人）。

第二階段（2015年）：非上市上櫃及興櫃之公開發行公司、信用合作社及信用卡公司。

IFRSs與現行會計準則的主要差異與改變：

現行會計準則項目	IFRSs內容
資訊攸關性	採用公允價值法
忠實表達實際經濟狀況	採用原則基礎
資訊完整性	財務報表主體為合併財報表
資訊揭露	附註資料是重要會計方法揭露

閱讀以IFRSs編製之財報要注意以下三大點：財務報表條文修正之重點、合併報表與收入認列之調整。

我國會計規定與國際會計準則之差異

- 重新定位「一般公認會計原則」。

- 調整財務報表體制——合併財務報告為主，個體財務報告為輔。

- 修正財務報表名稱、格式及相關項目。

- 特定資產之會計處理。

- 增加財務報表之附註。

- 納入期中財務報告相關規定。

- 辦理會計變動之相關規定。

- 施行日期及過渡條款。

資料來源：2011年證券期貨局

3-2 合併報表

　　自從國際金融危機爆發之後，國際會計準則理事會（International Accounting Standards Board，簡稱IASB）對保險合同、金融工具、公允價值計量、財務報表列報、合併財務報表等重要會計準則項目便進行了重大改革。

　　而重新整理合併財務報表會計準則、修訂報表的合併概念或範圍，可以明確資產負債表外業務和特殊目的主體會計處理問題。

　　目前台灣財務報表係單由一家母公司製作，但隨著台灣的企業規模日益擴大及企業跨多角投資國際經營，若一家國際集團在子投資公司眾多的情況下，如果投資人只是單從集團之各財會部門或會計師按季取得各轉投資的單家報表，再做經營績效與投資損益這部分判斷的話，就可能無法做出正確的決策，這也反映出非合併的資訊無法完全地呈現出企業實質的經營績效。

　　但IFRS上路後，要求每個集團必須以合併報表作為主要報表。未來企業逐季公佈財務報表時，只公告合併報表；在公告

全年財報時，才會另行公布母公司之單一財務報表，作爲承認財務報表與分配盈餘用。也就是說，集團必須要能隨時產生合併資訊，而月結也必須是以合併爲主。

　　至於營收目前仍是按照個體觀念，允許企業自行揭露合併營收，但IFRS上路之後，須揭露合併營收（包含沖銷完畢的內部交易），其中會涉及到證券交易法施行細則之修正，主管機關目前也循相關程序辦理當中。

　　合併報表之格式使台灣更與國際接軌，對於國內有海外轉投資公司之企業本身亦有好處，可降低會計帳務的轉換成本，並能提高經營管理效率。

3-3 收入認列

在採用IFRS之後，商品銷售的售入認列基本上在勞務攤提的收入原則認列上大致還是不變的。當交易條件並不單純時，如有任何一個條款不符合上述條件而無法認列收入，則須逐項分析是否皆符合以上各項條件，以及合理分攤各項目的公平價值。

收入是衡量公司經營績效的一項重要指標，對資本市場的運作有重大影響，每個項目認列的適當性對收入之資訊品質也是非常重要的。

因應IFRS依交易實質認列收入之規範，會計政策及收入認列方式的改變可能影響企業交易條件之規範改變，因此需要重新檢視可能改變企業之作業流程，思考系統面更多的交易相關資訊，以供會計人員作為判斷交易之依據。

採用國際會計準則後，對於公司帳務處理及財會資訊系統有重大影響者如下：

議題細項	差異說明
租賃會計處理準則——售後租回	我國：出售損益應予遞延，關於遞延之金額，但若該資產之公允價值低於其帳面價值，差額應於出售當期認列損失。 國際：[14] IAS17規定若售價係公允價值，則出售利益立即認列。
長期工程合約之會計處理準則——對於不符合完工比例法適用條件之工程合約	我國：採全部完工法。 國際：當工程之產出無法可靠衡量，惟已實際發生成本很有可能回收時，應採成本回收法（零利潤法），就已實際發生並預計能夠收回之工程成本予以認列等額之收入，工程成本應於發生當期認列為費用。然而，若已實際發生成本很有可能無法回收時，僅就已實際發生工程成本於當期認列為費用。
長期工程合約之會計處理準則——工程合約的定義與認列	我國：長期工程合約係指承建工程，其工期在一年以上之合約。另建設公司同時符合(1)工程之進度已逾籌劃階段，亦即工程之設計、規劃、承包、整地均已完成，工程之建造可隨時進行。(2)預售契約總額已達估計工程總成本。(3)買方支付之價款已達契約總價款15%。(4)應收契約款之收現性可合理估計。(5)履行合約所須投入工程總成本與期末完工程度均可合理估計及。(6)歸屬於售屋契約之成本可合理辨認等6項條件，用完工比例法。

	國際：工程合約原則上採成本回收法（零利潤法），除非買方有權決定和變更不動產商品主要工程結構之設計時，方適用⑮ IAS11以完工比例法認列收入，否則應適用⑯ IAS18 商品買賣之收入認列原則。
所得稅之會計處理準則——遞延所得稅資產之認列	我國：遞延所得稅資產必須全額認列，並對有50%以上機率無法實現部分設立備抵評價科目。 國際：很有可能實現時，始認列遞延所得稅資產。
收入認列之會計處理準則——顧客忠誠計劃	我國：無明文規定。 國際：說明客戶忠誠計劃（銷售時給與客戶點數用以換取未來免費或折扣之商品或服務）係屬包含數個可辨認項目之交易類型，企業係販售兩種項目予客戶，一為商品或勞務，另一為點數部分；企業應就點數部分，參考歷史經驗上客戶兌換之機率，予以估計並遞延其相對應之公允價值，俟客戶未來轉換時方予認列為收入。（⑰ IFRIC13）
或有事項及期後事項之處理——或有損失之估列	我國：應以最允當之金額認列，無法選定時，宜取下限予以認列。

| | 國際：係預期值之概念，應當考慮各種情況發生的可能性予以加權平均計算。如果各種可能的情況是一連續區間，且各種可能發生的可能性相同時，採用中間值予以認列。 |

資料來源：行政院金融監督管理委員會（2011），我國財務會計準則與國際會計準則之重大差異彙整。

附註⓮ IAS 17：國際會計準則第一號公報（稱IAS 17），租賃，融資租賃實質上係將「附屬於資產所有權之風險與報酬」移轉予承租人，但資產名義上之所有人最後不一定會移轉。

附註⓯ IAS 11：國際會計準則第一號公報（稱IAS 11），建造合約（Construction Contracts），為建造一項或一組彼此密切相關的資產而特別議訂之合約。

附註⓰ IAS 18：國際會計準則第一號公報（稱IAS 18），其收入認列之範圍包含：銷售商品；提供勞務；將資產提供他人使用而產生之利息、股利及權利金。

附註⓱ IFRIC 13：客戶忠誠計畫（Customer Loyalty Programmers），主要目的係以紅利積點來做為激勵客戶增加消費之誘因，藉以培養客戶對品牌的忠誠度。

3-4

產業實例（金融業、半導體業、電子通訊、營建業）

　　行政院金管會已於2009年5月14日正式公佈全面採用IFRS時程表，今年（民國2013年元旦）IFRS實施上路。

　　第一階段適用的公司是從2013年開始，包括上市櫃、興櫃公司，以及金管會管轄的金融業；第二階段適用公司，包括非上市上櫃及興櫃之公開發行公司、信用卡公司及信用合作社。應自2015年起依IFRS編製財務報告，並須自2013年起自願提前採用。

　　自2013年起，金管會主管之金融業除了信用合作社、信用卡公司、保險經紀人及代理人外需採用依IFRS編製之財務報告，同時重編2012年的比較報表，並應於年度財務報告附註揭露採用IFRS之計畫及影響等事項。

　　IFRS實行後，基本財報報表名稱之差異像是損益表，IFRS更名為「綜合損益表」；資產負債表，IFRS更名為「財務狀況表」等。

而各產業的衝擊依產業的不同亦有正面、負面之不同影響，正面影響如土地資產持有較多之企業，若持有較多不動產和土地，未來可選擇讓資產以公允價值入帳，企業資產下之土地與房屋價值將比重估前的歷史成本大幅增加；負面影響則如金融業，放款時必須評估預期之可能損失，這將對營業收入有極大之影響。

為因應IFRS，以下說明將分成金融業、半導體業、電子通訊、營建業四種產業，並簡單述說IFRS導入企業之影響與產業該如何應變導入之衝擊，將分成四大主題對此四種產業作探討：1.IFRS對產業的影響；2.業者應該如何因應；3.重大議題影響或會計差異；4.個案（CASE）。

IFRS與金融業

1.IFRS對金融業的影響

依現行IFRS規定，導入IFRS規定要追溯調整財務報表。例如，民國102年按照IFRS編製財務報表，就要調整民國101年的財務報表，如此就會發生期初盈餘的問題，調整前期損益就會產生損失和利益，使其年初保留盈餘增加或減少。

而稅務機關目前針對實行IFRS產生之期初保留盈餘調整數應如何課稅，尚未有相關解釋。因此，在稅務處理上是否應依

營利事業所得稅查核準則第111條規定帳外調整營業外收入課徵營利事業所得稅，或留待將來金融資產處分時一併課徵，目前並不明確，尚待釐清。

另外，IFRS新制度的不動產廠房設備允許採用成本法，也可以選擇公允價值法。若選擇採用公允價值法來列帳，就會和營利事業資產重估價辦法有很大的差異，而這麼大的差異究竟要如何處理，這些都是企業須及早因應與規劃處理的，以降低企業之經營風險。

▶2.金融業者應該如何因應？

對金融業而言，遵循IFRS需要蒐集許多額外資訊，尤其是當企業資訊系統尚未更新時，尚無法提供足夠且適當之資料以及時因應額外財務訊息揭露之要求。而為了避免企業導入IFRS之時間及資源上的延誤，金融機構應及早整理相關財務資訊產生流程，並制訂出適宜的作業流程使作業有效率地完成。

例如制定合理化及增加會計科目、取得重大子公司及被投資公司之IFRS相關資訊、評估委外服務機構是否具有提供遵循IFRS所要求資訊之能力、強化財務報表範本及財務報表附註揭露之檢查表等。

除了作業流程的調整，基本面因應當然必須清楚IFRS與我國會計原則差異，像是合併報表，金融商品方面的主要差異與

影響為：條文修訂成將原
始產生之放款及應收款納
入我國[18]34號公報適用範

附註[18] 34號公報：我國財團法人中華民國會計研究發展基金會於民國92年公佈我國財務會計準則公報第34號「金融商品之會計處理準則」（稱34號公報）。

圍、放款之減損係依照未來現金流量按原始有效利率折現值計算、利息收入以有效利率認列。

　　而法條差異部分業者應及早釐清與規劃策略，並適當調整內部整合來結合財務報表。

▓ 3.重大議題影響或會計差異

　　IFRS對企業產生之影響除了管理當局、財務部門及組織之其他功能外，IFRS還可能影響管理報表功能，包含預算流程、績效評估指標、財務預測及員工紅利計畫等架構。

　　據了解，IFRS於2013年上路後，財務會計改變而增加的收益以及保留盈餘原則上都不課稅。而2012年開帳日須依IFRS之預估，揭露其影響性，抑可揭露公司之精算數字（不強制對外揭露詳細數字）。

　　對於金融業的金融資產分類問題這部分，現行會計準則與IFRS相較之下並無太大改變。金管會官員表示，現行會計制度下，金融資產主要分為「交易性金融投資」、「持有到期」、「可供出售」、「貸款及應收帳款」。

　　以上四類各有不同會計處理，且並不是每一項金融資產皆

規定必須依市價評價。

IFRS則分為兩類：「公允價值」及「攤銷後成本」。其中列為「公允價值」者，須依市價評價；列為「攤銷後成本」者，則依原投資價值減掉可能之損失金額。以放款10萬元為例，若損失為1萬元，9萬元就是「攤銷後成本」，其「攤銷後成本」則與公平市價無關。

▼4.個案（CASE）──兆豐銀行之財務報表之差異表達

正式適用IFRSs後，兆豐銀依IFRSs及民國100年8月19日修正之「公開發行銀行財務報告編製準則」規定編製財務報告，與現行財務報告揭露格式有以下差異：

⑴採用「綜合損益表」取代現行「損益表」，該綜合損益表應以一張報表表達。

⑵當銀行追溯適用會計政策或追溯重編其財務報告之項目，或重分類其財務報告之項目時，整份財務報表應包括最早比較期間之期初資產負債表。故於揭露比較資訊時，至少應列報三期之資產負債表、兩期之其他報表及相關附註。

⑶於附註中揭露兆豐銀係遵循經行政院金融監督管理委員會認可之國際財務報導準則、國際會計準則、解釋及解釋公告之規定，編製財務報表的聲明。

⑷於附註中揭露股東權益項下每一項準備科目之性質及目
   的說明。

⑸於附註中完整揭露具不確定性之估計的假設,例如應揭
   露金融資產公允價值之評估方法之敏感性分析。

⑹於附註中揭露投資性不動產相關資訊。

資料來源:臺灣證券交易所股份有限公司(2011)
http://www.twse.com.tw/ch/listed/IFRS/doc/plandomestic/plandomestic01.pdf

IFRS與半導體產業

1.IFRS對半導體產業的影響

隨著全球行動上網時代的來臨,像是智慧型手持裝置的快
速崛起,使得整個消費性電子產業市場產生莫大的變化,進而
影響位居上游的半導體IC設計產業。

國際半導體設備材料產業協會(SEMI)2012年公布9月北
美半導體設備商訂單出貨比僅0.81,下探近11個月來新低,為
連續第6個月下滑,顯示了半導體投資設備意願持續低迷。

而現今半導體產業多屬跨國性的企業或以外銷為導向,對
於轉換為IFRS後,其所面臨到的問題也將較為複雜。

舉例來說,功能性貨幣的選擇將可能影響企業集團的整體
及內部各公司的避險、投資之操作及匯率管理之方向;收入認

列方式改變也可能導致企業銷售模式或契約的改變；當有併購交易發生時，被併購公司是否採用IFRS，其價值可能受影響。

另外，在IFRS架構下，除合併報表為企業之主要報表外，營運部門資訊也有其揭露之相關規定，須制定一套集團財務報導流程及會計政策以做為合併報表個體編製IFRS財務報表之依據等。

＊2.半導體產業應該如何因應？

轉換至國際財務報導準則後，半導體產業應依循IFRS不同法規之規定做衡量，例如可以依[19] IFRS9「金融工具」之規定將金融資產分類透過損益，按公允價值衡量之金融資產或按攤銷後成本衡量之

> 附註[19]　IFRS 9：國際會計準則第九號（稱IAS9），「金融工具」準則將金融資產及金融負債納入適用範圍，但因各界對草案階段之金融負債存有疑問，故此準則之範圍僅限於金融資產。

金融資產，視其分類以公允價值或攤銷後成本作後續衡量。

此外，企業應未雨綢繆事先做好衡量措施與策略決策以因應IFRS，例如在產業策略方面，應與董事會或高層決策者作足協調溝通、成立跨部門之專案小組因應人力資源；財務方面，應思考企業是否具有足夠之資源以因應IFRS對公平價值之要求，例如未上市櫃公司股票，評估IFRS是否對公司未來股利政策之資訊系統及變革管理造成影響、思考導入IFRS是否會影響目前公司之員工獎酬制度及政策；全面考量方面，導入IFRS對

於組織中其他部門（財務或是法務）的專案或計畫之影響程度等，都該事先做好策略來因應。

☒3.重大議題影響或會計差異

對於IFRS收入認列規定中，雖然我國所發布之規定原則上與IFRS大致相同，但隨著產業趨勢的快速改變，導致企業在面臨實務處理時與國際間產生不一致的情況。

IFRS重大議題對於半導體產業相關上，最常面臨到的問題是收入認列。例如總額或淨額認列銷貨收入或勞務收入；銷售時包含數個項目交易時，收入究竟應以總額或淨額認列；對於風險及報酬之評估考量、各項目應否拆分及如何拆分等問題。

有關收入認列時點的要件，企業主可依國際會計準則公報第18號（[20] IAS18）來掌握收入認列之規範。

> 附註[20] IAS 18：國際會計準則公報第18號（稱IAS18），對於收入認列之規範範圍包含：銷售商品、提供勞務、將資產提供他人使用而生之利息股利與權利金。

收入認列時點，即是商品已交付買方，經濟價值流向買方的意思。惟因成交價金仍存在著重大的不確定性，像是銷貨退回可能性高且無法可靠衡量時，商品交付或開立發票時該筆收入不可列入，需等待此不確定性消失時方能認列。

至於勞務收入合約，若勞務之履行在一段期間內陸續完成，一般可使用直線法於該期間內攤認收入金額，實務上常見

服務像是售後技術支援服務，此合約可獨立簽訂，或是將合約包含於軟體服務之中。

並在IFRS下，管理當局必須視情況及相關事證來判斷收入認列時應採用交易之總額（即企業為銷售商品或服務之主要義務人）或是淨額，企業應基於客戶之立場來分析合約的實質，並判斷如何能夠反映交易的商業意義。

▶ 4.個案（CASE）──台灣積體電路製造股份有限公司

台積電公司原依我國修正前證券發行人財務報告編製準則編製之合併損益表，其營業利益僅包含營業收入、營業成本及營業費用。

轉換至國際財務報導準則後，台積電公司依營業交易之性質將技術服務收入重分類至營業收入項下：租金收入、出租資產折舊、處分不動產、廠房及設備與無形資產之淨損、災害損失及不動產、廠房及設備減損損失重分類至其他營業收益及費損項下，並包含於營業利益內。

技術服務收入係提供台積電公司所獨有之晶圓製造技術予其他同業使用所收取之權利金收入，由於晶圓製造係台積電公司之主要營業項目，以提供相關技術與他人使用產生收益，宜視為具有營業性質。

租金收入與出租資產折舊，台積電公司租金收入來源有

二，其一為提供場地與供應商安置設備及人員，以提供台積電公司所需之產品及服務；其二為提供宿舍給員工住宿所收取之租金收入，二者均與台積電公司之營業活動有關。

處分不動產、廠房及設備與無形資產淨損，由於所處分之不動產、廠房及設備與發生減損之設備均係供晶圓製造所使用之設備，因此，宜將相關交易視為與營業活動有關。

災害損失係99年度因地震所造成之存貨損毀損失，由於台灣係處於地震發生頻繁之地區，故宜將相關損失視為與營業活動有關。

資料來源：臺灣證券交易所股份有限公司（2011）
http://www.twse.com.tw/ch/listed/IFRS/doc/plandomestic/plandomestic01.pdf

IFRS與電子資訊通路產業

1.IFRS對電子資訊通路產業的影響

電子通路產業由於係電子製造業之上游供應鏈之一，隨著全球布局之態勢，亦開始進行全球布局。雖然電子產業低迷，但電子通路商獲利卻特別亮眼，使產業之轉投資遍布各地。

因電子資訊通路產業擴大海內外市場發展與自有品牌，海內外子公司亦逐漸增加中，使得同一集團下常有不同公司代理不同之品牌，因此各地公司皆可能有需要按當地法令要求之會

計準則記帳，並於編製合併報表時，再提供母公司編製合併報表所需要資訊。

故在進行國際會計準則導入時，因合併個體眾多、各地會計處理準則不同等因素，故對電子資訊通路產業之衝擊不可小覷，例如在收入認列、合併報表、事業合併等層面都會受到影響。

▶ 2.電子資訊通路產業應該如何因應？

我國電子通路業之產業特性是，進銷貨之計價幣別多以美金計價，此也導致在美金對台幣匯率大幅波動時，往往造成電子通路業公司有大額兌換損益之不合理現象。

然而在IFRS之下，集團內各公司，尤其對在台公司，其財務報表受匯率波動之影響勢必較目前降低，因此在影響企業財務報導及績效衡量指標衡量之下，必須重新評估與客戶間之重要交易條件。

而根據交易條件的不同致認列收入時點亦有所不同，簡單而言即是指，並非商品出倉庫時即可認列銷貨收入，交易雙方須進一步釐清交易條件再做適當的調整或修改，並決策出適當的會計處理、內部控制控管點及相關資訊系統之配合。

另外，為了在企業各種不同型態之交易處理下能確保會計處理之正確性，應建立適當會計流程及企業資源規劃（ERP）

系統可能需適當調整，而ERP系統相關之設定亦需一併列入考量，做適當的前後端作業調整。

倘若公司考慮自行發展編製合併報表之系統功能，就應考量在產業屬性不同下，系統應如何整合以提高編製合併報表之效率。

▰3.重大議題影響或會計差異

台灣的大型電子通路商常因同一類產品無法取得兩種品牌以上之代理權而產生國內品牌相互競爭之問題。因此電子通路商大多自行設立不同之子公司以取得不同品牌之同類產品線來滿足下游電子製造業客戶之一次購足的需求，同時不斷進行併購以取得完整之代理產品。

一方面藉由平台整合以降低管理成本、產生規模經濟；另一方面則透過內部競賽以提升競爭力，學習彼此優點，故對於電子通路產業事業合併之議題影響甚大。

採行IFRS對企業併購的策略與執行時點，對電子通路業來說有重大影響，業主需依照會計準則及會計處理方法重新考量併購交易執行的實務作法，且需思考如何向重要外部人士報告併購案的績效。

而在新的會計準則之概念與要求中，某些會增加併購時與併購後的盈餘波動性，因此企業應先清楚暸解新準則並分析其

對併購案的影響，方才制定併購決策。

▶ 4.個案（CASE）——穎台科技股份有限公司財報表之表達：

依我國先前之一般公認會計原則，合併財務報表之內容係包含合併資產負債表、合併損益表、合併股東權益變動表、合併現金流量表及附註。

投資及融資活動影響企業財務狀況而不直接影響現金流量者，應於現金流量表中作補充揭露；投資及融資活動同時影響現金及非現金項目者，應於現金流量表中列報影響現金之部分，並對交易之全貌作補充揭露。

轉換至國際財務報導準則後，合併綜合損益表係包含當年度淨利及其他綜合損益，當年度淨利之表達則無須區分營業外收入與支出，惟穎台公司採我國證券發行人財務報告編製準則之規定，仍區分營業外收入與支出。

此外，現金流量表應排除無須動用現金或約當現金之投資及籌資交易，此類交易應於財務報表之其他部分揭露，並以能提供所有與該等投資及籌資活動攸關資訊之方式表達。

資料來源：臺灣證券交易所股份有限公司（2011）
http://www.twse.com.tw/ch/listed/IFRS/doc/plandomestic/plandomestic01.pdf

IFRS對營建業造成的衝擊

¤1.IFRS對營建業的影響

　　營建業與國家總體經濟景氣關係密切，國家建設常帶動關聯產業的發展，因此營建業素有「經濟火車頭工業」之稱。

　　由於營建業屬資本密集的產業，具有施工營運週期長、經營型態多樣化等特性，所以建設公司在會計作業上與其他行業相比有些許不同之特性。

　　IFRS已於今年（2013年）全面導入我國上市櫃公司，對營建業而言，收入與成本的認列時點將產生大幅變動，進而衝擊營建業的財務狀況與經營成果。

¤2.營建業應該如何因應？

　　導入IFRS對營建業最大的衝擊應是營建收入認列方式會產生大幅變動，例如全部完工法與長期工程合約之收入認列。

　　長期工程合約係指工期一年以上之承建工程合約，營建公司的收入認列可採全部完工法或完工比例法。

　　以往台灣的營建公司符合長期工程合約中有關工程損益可合理估計之條件及一般俗稱的「六大條件」，會依完工比例法配合投入成本之比例認列收入。

　　不符合上述條件的案件，則採全部完工法，於完成過戶及實際交屋時結轉成本並認列損益。

下列為六大條件說明：

⑴工程之進度已逾籌劃階段，亦即工程之設計、規劃、承包、整地均已完成，工程之建造可隨時進行。

⑵預售契約總額已達估計工程總成本。

⑶買方支付之價款已達契約總價款15%。

⑷應收契約款之收現性可合理估計。

⑸合約所須投入工程總成本與期末完工程度均可合理估計。

⑹歸屬於售屋契約之成本可合理辨認。

未來在IFRS的規範下，「房屋」是一種商品的買賣，除非營建公司依客戶需求提供客製化的勞務和銷售，否則無法採用完工比例法認列。就算是建造的工期較長，建設公司也必須在實際過戶交屋時始得結轉成本並一次認列房屋銷售收入，也就是全部完工法，並將導致在IFRS下建設業之收入將會集中反映於結案當年度。

⚑3.重大議題影響或會計差異

由於台灣公報營建業認列預售屋收入的時點早於IFRS之規定，所以對於台灣2012年的財報及2013年的IFRS財報將會產生過渡性的影響。

倘若建案於2012年前已經興建，依台灣公報的規定，建設

公司應採用完工比例法反映興建中但尚未完工的營建收入於台灣各期損益表中；但過渡到IFRS報表後，則須於2013年1月1日開帳時就已認列之損益調整保留盈餘，並於後續完工的年度一次認列建案的總收入。

因此，若忽略了開帳的調整而單就損益表來評估，同一筆收入將會產生於2012年之前台灣報表已部分認列，在2013年後產生IFRS報表又重覆認列之錯覺，在此提醒報表使用者需注意首次IFRS財報附註中針對保留盈餘的調節揭露。

◤4.個案（CASE）──假設建設公司之專案影響：

假設有一ABC建設公司於20X1年初自建一批房地產專案，並於同年開始進行房地預售並全數完銷，該房地專案計有30戶，每戶銷售價格為NT\$1億元，共NT\$30億元，工程成本估計為NT\$18億元。

ABC建設公司20X1年履行工程合約，完工60%建案且符合我國公報及「六大條件」之規定，並於20X2年底100%完工且辦妥過戶交屋。

由於ABC建設公司於20X1全數完銷並依工程合約進度確實完工60%，並符合我國公報及「六大條件」之規定，因此20X1年ABC建設公司可依「完工比例法」認列60%之營建收入及成本。

Note

Chapter 4
財務報表分析方式

4-1
什麼是財務分析？

繁多複雜的數字是財務報表令人產生困擾的所在，若能將這些複雜數字轉換成簡易的百分比或比率，便可藉以分析財務報表的結構，比較不同年度或各家企業間的財務報表及若干年度的財務變動趨勢和變動的幅度。

財務分析爲企業財務管理的基礎，如此利用公正可靠的財務報表做成分析資料，了解企業自身的優缺點以作爲改善經濟決策之參考是非常重要的。

分析財務報表組成因素時，只看單一的數字結果並不能看出該公司的盈餘是成長或退步，是穩定或者不穩定，事實上，報表上的每個數字之間都有著關聯性。

若以報表中的某個項目爲基準，計算出其他項目相對於該基準項目所占的百分比，即能容易看出各項目所占之分量，如表4-1，以簡易損益表結構説明之。

表 4-1　聯強公司簡易損益表

聯強公司

簡易損益表

民國95年度

收入	$600,000	100.00%
費用	$100,000	16.67%
淨利	$500,000	83.33%

　　以收入為基準,計算出費用與淨利相對於收入所占的百分比各為16.67%與83.33%。我們可由簡易百分比看出每100元交易中,就有淨利83.33元。

　　表4-2,就兩家不同公司之間的財務狀況及營業成績加以比較。由X、Z兩家公司的損益表中,X公司的淨利顯然低於Z公司;但經過百分比分析後,X公司的獲利率竟高Z公司1.78%。因此,透過分析可檢視出平日報表上看不出來的數字意義。

表 4-2　X、Z公司簡易損益表

公司別項目	X公司		Z公司	
	金額	百分比	金額	百分比
收入	800	100.00%	950	100.00%
費用	550	68.75%	670	70.53%
淨利	250	31.25%	280	29.47%

Read More......

【深思熟慮，未雨綢繆】

財務調度能力往往對於一個企業目標是否能達成，扮演了關鍵性的角色。

所謂「三軍未發，糧草先行」，企業在制定「年度行銷計畫」之際，應要求「財務人員」參與規劃與了解，以免發生「業務接單」金額過高的情形，而造成「資金籌措」不及，平白損失訂單。

更重要的是提高企業的資金使用效率，藉由事先的沙盤推演，規劃出完整的事業發展藍圖，按部就班執行，達到企業預定之目標。同時，以預估資金需求的角度，妥善規劃，並做未雨綢繆之布局，以達到企業預定之目標。

財務報表分析的方法

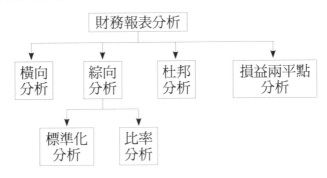

◄ 1.橫向分析

橫向分析用以比較不同期間，同一公司的財務狀況及營業成績。

◄ 2.縱向分析

係指同一期間財務報表各項目之間的比較分析，又稱為「靜態分析」。一般常用的有「標準化分析」與「比率分析」兩種。

◄ 3.杜邦分析

可以透過「杜邦方程式」來分析財務績效良窳的原因，包括改善經營實力、減少閒置產能、改變資本結構等。

◄ 4.損益兩平點分析

藉由損益兩平點分析，經理人員可以清楚地看出，當銷售量超過損益兩平點時所產生的獲利。

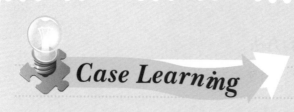

Walmart營運篇

　　世界第一大零售商沃爾瑪（Walmart）始終自豪，即使如家樂福（Carrefour）、特易購（Tesco）等同業也無法像它一樣維持大量出貨又壓低成本。這絕對不單只是規模經濟的問題。

　　零售業最受不了的，就是供應鏈的層層剝削，所以沃爾瑪一定做到「工廠直營」，且其一直抱持著的信念就是「低價可以改變消費者的習慣」。

　　沃爾瑪有一套自己的拓荒商業交易模式──那就是Hub-and-Spoke，也就是「輻射狀」的展店方式。所有店家都是圍繞著各地區的物流中心（需在物流中心一天所能到的地方為限），包括訂貨、倉儲、包裝都在物流中心完成，以儘量降低各地店家的存貨量。

　　不過現在的問題是，要如何才能做到即時的補給呢？沃爾瑪擁有自己的車隊，超過2萬台的拖車和5千台的貨櫃車，這可是沃爾瑪聲稱的「72小時從港口到顧客車廂」的幕後功臣。

　　為了節省成本，公司還特別要求車隊在一批運送尚未完成時，晚上儘量停在各供應商的廠房，不要造成空車的情況，如此精打細算的設想，也難怪能從同樣的產品上壓榨出更多的利

潤。

　　而要管理這麼大的企業,總公司每一個訊息的傳達與推行都會存在著很多問題。沃爾瑪在這方面力求「kiss原則」(Keep it Simple, Stupid),再藉由科技的輔助,使每家分店的操作模式都是標準化、簡單化,無形中也節省了員工學習與犯錯的企業成本。

　　更厲害的是,沃爾瑪建立了全球最大的企業「IT部門」,這點可以從物流中心和各地店家的關係中看出,沃爾瑪運用了「POS」(Point Of Sale,銷售點情報管理系統)以便隨時掌握銷售量並進行即時補貨。

　　這些地方的成功,從沃爾瑪全球年營業額超過2,800億美元,全球分店1,587家(2005年7月)以及穩坐世界第一零售業的地位都可以清楚看出。

手機部門紛紛獨立，以待春天

記得幾年前台灣手機剛開始流行，當時全球通訊大廠易利信（Ericsson）保有手機市場老三的地位，2001年在市場冒出許多小廠時，它悄悄地和SONY成立合資的Sony-Ericsson手機部門。而後，這個響亮的雙人組卻在市場中逐漸褪色，不及原有市占的1/2。

像易利信這樣的科技大廠，旗下包括企業通訊設備、網路及行動通訊系統部門等，但是手機這個行業卻愈發展愈發令人匪夷所思。

原先像摩托羅拉（Motorola）、易利信（Ericsson）都擁有自己的生產工廠，但卻從「整合」走向「專業分工」，這似乎有些與理論背道而馳了。大廠們紛紛關閉生產線，轉而尋求台灣、馬來西亞、大陸等專業代工製造商。

在德國西門子（Siemans）出售手機部門給明基（BenQ）之後，這個現象被大家注意到已不是「冰山一角」的案例了。專營手機事業的諾基亞（Nokia）似乎也在醞釀著要出售的事宜，而導致這個行動的最主要原因就是——競爭太激烈了！

手機商的毛利不斷被壓縮，加上開發中國家低價手機盛

行，有利於某些地區的廠商，而已開發國家的成長又有限，特別是在亞洲，被視為手機成長最快速的地區，但是日本、韓國電器大廠及各地電子業廠商的崛起及蠶食，在在都威脅著歐洲廠商的地位，這即是三個和尚沒水喝的道理。

　　但是這到底是整併？惡鬥？還是3G、4G才能搶救手機業的春天呢？答案沒有人知道。

橫向分析用於公司自身前、後各期績效的比較。

若以某個銷售時期的財務報表各項數字為基數,計算其他時期同項目對其基數的百分比,可看出各個項目變動的趨勢及幅度,此便是利用「橫向分析」。

而因為是比較前、後期的增減變動情形,所以又可稱為「靜態分析」。

表4-3,為大同公司三個年度的簡易損益表,如果只看金額,則無法檢視出費用、收入的增加幅度與淨利的成長如何,但若以百分比分析表示,即可看出此期間的各項目趨勢。

表 4-3 大同公司三個年度的簡易損益表

項目	收入/金額 百分比		費用/金額 百分比		淨利/金額 百分比	
93年度	$1,000	100%	$750	100%	$250	100%
94年度	$1,060	106%	$800	107%	$260	104%
95年度	$1,300	130%	$850	113%	$450	180%

表4-4，為大同公司三個年度的簡易資產負債表，如果只看金額，無法檢視出流動資產、固定資產與資產的增加幅度，但若以百分比分析表示，將可看出此期間的各項目趨勢。

表 4-4　大同公司三個年度的簡易資產負債表

項目	流動資產／金額 百分比		固定資產／金額 百分比		資產總額／金額 百分比	
93年度	$2,000	100%	$1,000	100%	$3,000	100%
94年度	$3,000	150%	$2,500	250%	$5,500	183%
95年度	$4,000	200%	$3,000	300%	$7,000	233%

「信用」是企業最大的無形資產

美商D&B（鄧白氏股份有限公司）是全球最大的徵信機構之一，提供全球顧客群針對商業上往來客戶的徵信背景資料，以利控管交易風險。

在一般的商業交易模式中，不論採取何種信用條件，都會面臨到抉擇：一是交易的信用條件過苛，造成買方另尋對象；另一則是交易信用條件太寬，易產生壞帳損失。所以，企業本身所能承受的信用風險，亦相當左右業務人員的績效。

至於一般中小企業經常採用的「現金折扣」模式，雖可安全又快速地取回貨款，但利潤相對變薄，故基於以上種種條件限制，專門針對交易顧客的商譽、交易紀錄、徵信等級的徵信公司就此孕育而生。

以台灣市場來說，「中華徵信所」就是一家家喻戶曉的民營徵信公司，由此可知，企業主不可不對信用商譽做最妥善的維護。

Read More......

【會收帳的,才是真功夫】

俗語說:「會賣商品的不稀奇,會收帳的才是真功夫!」

對業務人員來說,在面臨顧客討價還價的情況下,除了降價求售外(實際上降價的空間各企業均有所規範),另一個法寶就是採取較優惠的放款條件。

然而,站在企業立場所面臨到的問題是:

1.應收帳款的延遲所造成的資金成本增加。

2.收帳所發生的過程成本,甚至於是產生壞帳。

在面臨銷售業績壓力與企業資金及管理成本的平衡抵換(Trade off)下,除了可以採取應收帳款最佳占用量的分析方式外,部分企業逕行與金融機構搭配的應收帳款買斷方式,也就是金融機構針對買方客戶進行租賃之方案,能減輕企業負擔,亦不失為另一種解決模式。

台企銀出售，未演先轟動

同樣是未落實金融改革，同樣是90年的老店，繼「彰化銀行出售案」後，「台企銀」成為下一個金控的肥羊。且由於「台企銀」握有中小企業放款業務46%的市場及124家分行，所以競爭激烈更勝於「彰銀」。

包括了「國泰」、「中信」、「富邦」、「兆豐」、「第一」、「玉山」等六金控都加入戰局，形成了「6搶1」的局面。然而最有趣的就在於併購的條件了：

1. 以普通股和特別股進行100%換股，而特別股價值占交易總價值的25%～55%。

2. 特別股定價為10元，為期6個月，到時除公股外，均以現金贖回。

3. 公股所持有之特別股轉換為金控普通股之比例，以10元除以「特別股到到期日金控公司均價」。

4. 員工權益2年不變，不可任意裁員或改組。

5. 維持對中小企業放款規模3,205億。

6. 轉換後，依公股持有比例，進行董監事席次分配。

看得出「台企銀」的用心，這是一個東拼西湊、面面俱到

的模式，摒棄「全額現金收購」的模式（雖然是股東最愛），

可以省下「賦稅的成本」，也可解決「籌資」的問題。再者，

這也是首次對業務保留和員工權益加以明定。

　　而為了避免「北銀出售案」所謂「不出半毛錢」的狀況，

也要求金控至少拿出個幾百億來買，當然這方面的彈性很大，

越多越好。

　　而「台企銀」的身價方面，6月底的淨值為443億元，扣除

打消呆帳約250億元，加上其他資產市值約150億元，所以，調

整後之淨值約有350億元的水準，換算每股淨值8.22元。而過去

出售的案例中，都以高於收購股價之1.7至2倍之間，所以合理

地推算每股成交價應介於14元上下。

4-3
標準化分析

公司間直接以各自的財務報表進行比較，會因爲各自的規模問題，以至於比較出來的結果較無意義。

但是透過「標準化財務報表」（Standardized financial statement），可以克服因公司規模不同而無法比較的問題，因爲它可以將「絕對金額」的比較化成「相對金額」的比較。

損益表標準化，以「銷貨收入」爲分母，其他各項目爲分子，衡量其占銷貨收入的比重，以方便分析；資產負債表標準化，則以「資產總額」爲分母，其他各項目爲分子，衡量其占資產的比重，以便分析。

以下個案爲台塑公司95年度損益表與資產負債表，以百分比方式，分別列出表4-5及4-6。

表 4-5　標準化損益表

台塑公司

損益表

民國95年度

銷貨收入		$500,000
銷貨成本		<u>245,000</u>
銷貨毛利		255,000
營業費用		
銷售費用	($30,000)	
管理費用	<u>(25,000)</u>	(55,000)
營業外收入與費用		
利息費用	($10,000)	
折舊費用	(10,000)	
投資收入	<u>10,000</u>	(10,000)
稅前淨利		$190,000
所得稅費用（25%）		(47,500)
稅後淨利		<u>$142,500</u>

台塑公司
損益表
民國95年度

銷貨收入		100%
銷貨成本		(49%)
銷貨毛利		51%
營業費用		
銷售費用	(6%)	
管理費用	(5%)	(11%)
營業外收入與費用		
利息費用	(2%)	
折舊費用	(2%)	
投資收入	2%	(2%)
稅前淨利		38%
所得稅費用（25%）		(9.5%)
稅後淨利		28.50%

表 4-6　標準化資產負債表

台塑公司
資產負債表
民國95年12月13日

資產	
流動資產	$50
現金	50
銀行存款	200
有價證券	100
應收帳款	50
存貨	50
固定資產	
土地	1,000
房屋及建築物	2,500
生財器具	1,500
無形資產	
專利權	800
資產總額	$6,300
負債	
流動負債	
應付票據	$200
應付帳款	100
預收貸款	150
長期負債	
抵押借款	1,000
負債總額	$1,450
業主權益	
股本	$4,000
保留總額	850
業主權益總額	$4,850
負債與業主權益總額	$6,300

台塑公司
資產負債表
民國95年12月13日

資產	
流動資產	0.79%
現金	0.79%
銀行存款	3.18%
有價證券	1.59%
應收帳款	0.79%
存貨	0.79%
固定資產	
土地	15.87%
房屋及建築物	39.69%
生財器具	23.81%
無形資產	
專利權	12.70%
資產總額	100%
負債	
流動負債	
應付票據	3.17%
應付帳款	1.59%
預收貸款	2.38%
長期負債	
抵押借款	15.87%
負債總額	23.02%
業主權益	
股本	63.49%
保留總額	13.49%
業主權益總額	76.98%
負債與業主權益總額	100%

國際財報很好懂
～從財務基礎到新舊制IFRS

由群雄並起到三國鼎立，台灣金控公司的發展

2001年，美國安隆公司（Enron）爆發財務危機，台灣金融市場人心惶惶。但這年，卻對金融業是危機也是轉機。同年11月〈金融控股公司法〉正式實施，這個被視為金融業的救命仙丹，到底有什麼魔力呢？

台灣的銀行業及證券業，向來就是「既多而又類似」，用「僧多粥少」來形容，一點也不誇張。在高度競爭和惡性競爭的交互作用之下，銀行業都真正地落實「本土化」，因為根本走不出去，也經不起外國銀行的挑戰。發展金控是時勢所趨，也是唯一的路。

簡單的說，金控公司整合包括：銀行體系、證券體系、保險體系及其他附屬的產業，對於集團的營運效益提升、資金調度靈活、減低營運成本及提供客戶完整理財需求，有提升獲利，發揮綜效的效果，而又創造出規模性及淘汰不良與不必要的競爭者，對於金融體系的穩固健全有絕對正向的幫助。目前國內核准的共有14家金控，以「國泰金」的總資產最大，達2.65兆新台幣，占全金融體系資產的8%。

前行政院長孫運璿在自傳中提到，70年代的行政院長任

內有一天，前總統蔣經國問他：「全台有多少家銀行？」他回答：「8家。」於是蔣經國立刻裁示要開放。結果，現在國內銀行上百家。當然，我們並非要批評誰是誰非，金融自由本來就是民主國家該有的作為，但真正開放之後，政府的監督才是重點。

在台灣，只要集資100億新台幣就可以開銀行。在黑金時代，官商勾結，這些都助長了今日的金融亂象——擠兌、掏空、逾放比過高的現象層出不窮，也難怪今日有人擔心金融財團化的現象會造成日後的亂象。

其實，在資本主義的體制下，「富可敵國」的現象乃是正常，台灣中央政府年度總預算約1.5兆新台幣，而台灣半數以上的金控資產都超過這個數字，「國泰金控」一年之營收是其1/3，更別說「日本瑞穗金控」和「花旗金控」了。

當然！做這樣的比較，實在毫無意義！真正落實金融法制化才是該做的事。筆者認為現今國內之金控公司尚在整併階段，各家金控仍多琢磨於本業，沒有發揮該有的整合與綜效，也缺乏國際化，要想達到展翅高飛的那天，有賴政府和民間的共同努力。

Read More......

【備抵跌價損失】

依照〈財務會計第一號公報〉，企業於短期投資權益證券（股市或證券）及長期投資權益證券，兩者均需比較總成本與總市價之高低。若市價低於成本，則前者需提列「備抵跌價損失」項目，而後者則是認列「長期投資未實現跌價損失」或「長期備抵跌價損失」；若市價回升，則應於已提列之金額內沖銷。

短期投資的例子非常多，例如前幾年開始，股市一蹶不振，許多財團均蒙受其害，「國壽」本在台灣壽險業占有一席之地，但卻在如此的窘境之下，致使營收轉盈為虧。

此外，存貨亦須提列「備抵跌價損失」科目，此方面就因行業類別而各有不同，大抵上屬進步變動較快速的科技或電子類產業影響較大。主要是由於存貨具時效性，例如「廣宇科技」前幾年因提列光碟機呆帳及存貨備抵跌價損失，使營收由紅翻黑。

而特殊事件也是主因，以「漢翔公司」來說，本身屬於國營事業，競爭力薄弱且營運受諸多限制，「911事件」後，航空業蕭條，所以在92年提列數十億的存貨損失。

為什麼一定要登「陸」？

　　一台頂級國產Cefiro 3.0要價新台幣130萬，但屬同等級的
歐洲車，不論是Audi A6 3.0或BMW 730i則至少是新台幣300萬
起跳。不可否認地，歐洲車基於生產成本、物價水準、運送費
等因素，報價理當高於國產車，然而，超過2倍的價格，卻實在
不合理！

　　台灣針對進口車的課稅，雖然在進入WTO後逐漸降低
（2005年時大約是25%），但對於貨物稅及進口零件稅等方
面仍不放手。這就點出了一個重要的課題——「貿易障礙」
（Trade Barrier）。

　　台灣許多製衣廠不約而同地移往墨西哥等中南美洲國家，
不為別的，就因為美國對中南美洲紡織品的進口較無配額限制
或享有關稅優待。然而，最可怕的「貿易障礙」並非關稅或配
額，而是隱藏在政策背後的限制。

　　政府都希望外國企業進入不光只是賺錢，最重要的是培植
及壯大本國之企業，對於外國企業與本國企業合資或前來投資
設廠者，通常都有眾多優待。然而對於進口貨，則更加毫不保
留地剝削，這會直接顯現在法令上。

中國大陸市場可說是這些年來企業必定朝聖的地方了！剛開始時，對於外國企業的限制相當多，這也包含了外匯管制。

　　剛進去時，企業根本就處在「虧損」狀態，雖然一步步地開放，但包括美國或歐洲等企業仍不諱言地承認，每年在開拓業務及花在中國政府之交際費甚多。

　　可見單單的「貿易障礙」就會直接引導廠商走向全球化，所以不管是台商到大陸或東南亞設廠，都已是擋不住的趨勢了。

4-4
比率分析

比率分析定義＝ $\dfrac{會計科目}{會計科目}$

　　比率分析（Ratio Analysis）係將財務報表之相關數字計算成有意義的比率，並將之與某一特定之標準比率比較；或依不同期間財務報表該比率之變動情形加以分析。

　　比率分析可以分析公司之獲利性（Profitability）、效率性（Efficiency）、流動性（Liquidity）、安全性（Safety）、市場價值（Market Value）與可能成長（Potential Growth），其數據來自於財務報表。

獲利性（**Profitability**）

　　要測量公司是否有獲利，通常可藉由淨利率（Profit Margin）、資產報酬率（Return on Assets）與股東權益報酬率（Return on Equity）觀察。

1.淨利率（Profit Margin）

(1)定義：每增加一元的銷貨收入帶來多少稅後淨利。

(2)公式：

淨利率＝稅後淨利÷銷貨收入

2.資產報酬率（Return on Assets; ROA）

(1)定義：每增加一元的資產帶來多少稅後淨利。

(2)公式：

資產報酬率＝稅後淨利÷總資產

3.股東權益報酬率（Return on Equity；ROE）

(1)定義：每增加一元的股東權益帶來多少稅後淨利。

(2)公式：

股東權益報酬率＝稅後淨利÷總股東權益

效率性（Efficiency）

測量公司資產使用是否有效率，通常可藉由存貨週轉率（Inventory Turnover）、存貨週轉天數（Day's Sales in Inventory）、應收帳款週轉率（Receivables Turnover）、應收帳款週轉天數（Day's Sales in Receivables）、應付帳款週轉率

（Payables Turnover）與總資產週轉率（Total Asset Turnover）觀察。

1.存貨週轉率（Inventory Turnover）

(1)定義：每增加一元的存貨帶來多少銷貨成本。

(2)公式：

> 存貨週轉率＝銷貨成本÷平均存貨

2.存貨週轉天數（Day's Sales in Inventory）

(1)定義：存貨流通的天數。

(2)公式：

> 存貨週轉天數＝365天÷存貨週轉率

3.應收帳款週轉率（Receivables Turnover）

(1)定義：每增加一元的應收帳款帶來多少銷貨收入。

(2)公式：

> 應收帳款週轉率＝銷貨收入÷平均應收帳款

4.應收帳款週轉天數（Day's Sales in Receivables）

(1)定義：應收帳款變成現金所需之天數。

(2)公式：

$$應收帳款週轉天數＝365天÷應收帳款週轉率$$

⚐ 5.應付帳款週轉率（Payables Turnover）

⑴定義：每增加一元的應付帳款帶來多少銷貨成本。

⑵公式：

$$應付帳款週轉率＝銷貨成本÷平均應付帳款$$

⚐ 6.總資產週轉率（Total Asset Turnover）

⑴定義：每增加一元的資產帶來多少銷貨收入。

⑵公式：

$$總資產週轉率＝銷貨收入÷總資產$$

流動性（Liquidity）

測量公司是否有足夠的資金以因應短期支出，通常可藉由流動比率（Current Ratio）、速動比率（Quick Ratio／Acid-Test Ratio）與現金比率（Cash Ratio）觀察。

⚐ 1.流動比率（Current Ratio）

⑴定義：每一元的流動負債，有多少流動資產來支付。

⑵公式：

$$流動比率＝流動資產÷流動負債$$

2.速動比率（Quick Ratio / Acid-Test Ratio）

(1)定義：每一元的流動負債，有多少速動資產來支付，比流動比率更具變現指標。

(2)公式：

$$速動比率＝(流動資產－存貨)÷流動負債$$

3.現金比率（Cash Ratio）

(1)定義：每一元的流動負債，有多少現金來支付。

(2)公式：

$$現金比率＝現金÷流動負債$$

安全性（Safety）

測量公司資金來源是否適當，通常可藉由負債比率（Total Debt Ratio）、負債權益比率（Debt-Equity Ratio）、權益乘數（Equity Multiplier）、利息保障倍數（Times Interest Earned）與現金槓桿（Cash Coverage）觀察。

1.負債比率（Total Debt Ratio）

(1)定義：資金來源負債占資產的比重有多少。

(2)公式：

$$負債比率＝(總資產－總業主權益)÷總資產$$

＝總負債÷總資產

2.負債權益比率（Debt-Equity Ratio）

⑴定義：資金來源負債占負債權益的比重有多少。

⑵公式：

負債權益比率＝總負債÷總業主權益

3.權益乘數（Equity Multiplier）

⑴定義：資金來源資產占股東權益的比重有多少。

⑵公式：

權益乘數＝總資產÷總業主權益

4.利息保障倍數（Times Interest Earned）

⑴定義：稅前息前淨利為利息費用的多少倍。

⑵公式：

利息保障倍數＝稅前息前淨利÷利息費用

5.現金槓桿（Cash Coverage）

⑴定義：稅前息前淨利加折舊費用為利息費用的多少倍。

⑵公式：

現金槓桿＝(稅前息前淨利＋折舊費用)÷利息費用

🧧 市場價值（**Market Value**）

　　測量一家公司的市場價格，通常可藉由每股盈餘（Earning Per Share）、本益比／價格盈餘比（Price-Earning Ratio）與市場帳面價值比（Market-To-Book Ratio）觀察。

✖ 1.每股盈餘（Earning Per Share，EPS）

每股盈餘＝稅後淨利÷總流通在外股數

✖ 2.本益比／價格盈餘比（Price-Earning Ratio）

本益比＝每股股價÷每股盈餘

✖ 3.市場帳面價值比（Market-To-Book Ratio）

市場帳面價值比＝每股市場價格÷每股帳面價格

🧧 可能成長（**Potential Growth**）

1.內部成長率（The Internal Growth Rate）

內部成長率 ＝(ROA×b)÷(1－ROA×b)

　　未分配盈餘比率（b）：未分配保留盈餘除以稅後淨利

國際財報很好懂
～從財務基礎到新舊制IFRS

2.穩定成長率（Sustainable Growth Rate）

$$穩定成長率＝(ROE \times b) \div (1 - ROE \times b)$$

未分配盈餘比率（b）：未分配保留盈餘除以稅後淨利

Read More......

【流動比率是企業重要還款能力的檢驗指標】

中小企業有關「流動資產」的營運資本（Working Capital）一般包括：現金、銀行存款、有價證券、應收票據、應收帳款、存貨與預付款項等會計科目，這些指標可表示企業快速變現的能力，也正是銀行放款的重要評估標準之一。

因為，企業若想舉債，站在債權人——銀行的立場，首先關心的是債務人的還款能力。其中最好的指標就是將該企業的流動資產與流動負債做比較，一般的經驗值大約在2：1左右，這項指標對企業而言，是必須特別留意的。

另一個相對應的科目是變現較慢的固定資產：例如購置廠房、土地、機器設備等，其所占的比率則是依行業別而異。

就資產運用觀點來看，此比率當然是越低越好，因為固定資產占企業總資產越高，表示現金被套牢的越多。

追求零存貨、零風險的裕隆汽車

「原料存貨」是使生產者在生產過程中保持對上游供應商的一個彈性做法，但對公司的成本卻會造成另一種負擔。

為了管理好存貨，企業往往必須額外支付倉儲、運輸、人員等費用及擔負風險，且其容易形成現金積壓，礙於流動。所以，在現今的生產管理或供應鏈管理中，須特別注重這方面的調配，希求能減低成本。

以國內的「裕隆汽車」來說，其專注於汽車代工製造，特別引進日本豐田汽車（Toyota）的「JIT」（Just In Time），以增加供應鏈的流暢與壓低成本，不論在台灣或大陸，都能藉助其強而有力的需求量而形成「汽車衛星城」。「JIT」的重點在於能即時地做庫存和運籌管理，在此方面需運用CALS（資訊運籌管理系統）使廠商彼此能快速地分享資訊。

當然，在這一連串的整合過程中，廠商們必須了解彼此「唇齒相依」的重要性，進而能真誠地公開己方的資料，以作為上、下游合作廠商的參考依據。如此，亦可避免所謂的「長鞭效應」（Bullwhip Effect），才會是真正的「雙贏」或「多贏」。

Read More......

【吵吵過關的RTC法案】

一提到RTC（Resolution Trust Cooperation，資產再生公司），會讓人直接聯想到AMC（Asset Management Company，資產管理公司）。

兩者的差別在於AMC處理的不良債權來自正常的金融機構；而RTC處理的則是問題金融機構的不良債權，且AMC多由私人機構成立，例如「奇異融資」、「高盛證券」，而RTC則多由政府主導。

所以就AMC的效率而言，一定是對具有經濟價值的標的物出手，因而贏得「米國來的禿鷹」封號（日本語）；然而RTC在許多人眼中既是終結者（Closer），也是個黑洞（Black Hole）。

4-5 杜邦分析

透過杜邦方程式（Du Pont Identity）可以讓我們了解，如何改善一家公司的股東權益報酬率。

也就是可以透過改善淨利率、總資產週轉率和權益乘數或是總資產報酬率與權益乘數，將問題點展開分析，進而找出原因加強改善。

▌股東權益報酬率

＝稅後淨利÷總股東權益

＝(稅後淨利÷銷貨收入)×(銷貨收入÷總資產)×(總資產÷總業主權益)

＝淨利率×總資產週轉率×權益乘數

＝總資產報酬率×權益乘數

【為什麼要跨足零售業？】

對一般產業來說，產品銷售好是一回事，但付帳往往都用「應付票據」方式，也就是都有一定的期間性，不太可能「一手交錢、一手交貨」。這除了可降低風險外，也提供了便利性，因而拿到的不一定是「錢」。但對零售業來說（包含大賣場、超市、便利商店、加油站、百貨公司等），收帳絕大部分則是使用「現金」交易，因此較其他產業的流通性和週轉性更大。

基於這個利基下，我們就可以知道，除了某些真正要發展零售業賺錢的企業外，在台灣例如「遠東集團」、「統一集團」、「新光集團」、「興農」與「台糖」等除了在本業上的著力外，都有跨足到零售業，這除了可增加自己產品的銷售外，還可以多角化經營，另一方面更可增加集團營運上的資金調度，一舉數得。

然而全球零售業的巨擘（Walmart或Carrefour），其本身都有或者與銀行團合作，跨足企業短期融資信貸或是消費信貸的業務，在規模化之下，通常提供零售業的供應商動輒數千家，對於供應現金充足的零售業來說，可以說是有應接不暇的業務了。

【企業紓困，問題多多】

政府對於本國企業的紓困和援助一向是天經地義的，不管是藉由檯面上的「法令」，抑或檯面下的「利益輸送」，或多或少都存在著。

然而在1998年亞洲金融風暴之後，這個問題便「浮上」檯面，在需求者眾的狀況下，前行政院院長蕭萬長就頒布了「加強辦理協助正常營運企業經營資金措施」，提高中小企業的信用保證上限金額，也擴大總貸款額度，並成立單一便捷之辦理窗口，協助企業向銀行辦理貸款或延展原有借貸款項。

一方面促使企業長期設備投資不至於斷炊，另一方面則對於企業的升級、污染防治亦有助益。到了SARS時代（2003年），則又掀起了另一波紓困高峰。

紓困案限於經營優良之企業，強調公司資產大於負債、流動比率正常等，「尚朋堂公司」就是申請成功的案例。但像「國產汽車」或「國揚實業」，與掏空帳務不明扯上邊，審核時未能做清楚交代，也無法通過；更有被指責的「東帝士集團」得到紓困金後，便轉投資大陸者。

其實，金融風暴發生後，銀行業對於企業借貸就變得特別

小心謹慎，但在政府的施壓下（表面上說是協調、勸說，官股銀行尤甚），迫使銀行出手援助所謂的「問題企業」，於是就出現了實質上的「以短支長」的現象，也就是拿短期融資當作長期固定資產、增購企業設備使用，由銀行定期對企業監理，檢視還款能力。

企業倒了，有政府護盤；如今，政府的財政已走到山窮水盡，若政府倒了，又有誰可以救援呢？

Read More……

【美元跌價，世界心慌】

從過去到現在，美國的「經常帳」都沒好看過。

小布希出兵中東，只是讓這個問題被大家重視而已，債台高築的美國，除了放任貨幣貶值之外，還大量印製鈔票及發行國庫券。

然而從2004年底到2005年中的這波貶值最為激烈，也由於投資人的預期下，美元挾全球通貨的優勢，以最野蠻的方式——「貶值給你看」，而又大量吸引外資投入美國債券市場，向世界借錢，世界各國的外匯存底大幅縮水。

而大量的美元流竄全球，掀起全球性的通貨膨脹，投機於房地產、進入股市、餵飽對沖基金（Hudge Fund）。

在過去，美元每次跌價，都會造成世界貨幣市場的衝擊；二次大戰後的「不列頓森林制度」（Bretton Woods System）確保了美元的世界貨幣地位，但也毀於70年代美元貶值之下，各國改採「浮動匯率制度」。

到了80年代，日本的經濟實力逐漸變大，與美貿易逆差加深，美元再度疲軟，在「廣場協議」之後，美元跌勢暫歇，卻仍未改善「經常帳赤字」的問題。

如今，想要以「純貶值」來抵銷「經常帳赤字」，以增加出口的想法，根本不適用於美國！實際上，愈下跌，就只是愈讓美國還不起債務，惟有長期改善消費型態才是最根本之方法。

4-6 損益兩平點分析

透過損益兩平分析（Break-Even Analysis）可以找出損益平衡點（Break-Even Point），能清楚地看出企業的經營績效。當銷售數量大於損益平衡點時，則有利潤；當銷售數量低於損益平衡點，則有損失。以下為損益平衡點公式推導之介紹：

令利潤$(\pi)=0$

利潤$(\pi)=$ 總收益(TR)－總成本(TC)

TR＝P(價格)×Q(數量)

TC＝TVC (總變動成本)＋TFC (總固定成本)

　　＝UVC (單位動成本)×Q (數量)＋TFC (總固定成本)

$\pi=$ TR－TC＝(P×Q)－(TVC＋TFC)

　　＝(P×Q)－(UVC×Q)－TFC

　　＝(P－UVC)×Q－TFC

➡ Q＝TFC/(P－UVC)

➡ P×Q＝P×TFC/(P－UVC)＝TFC/(1－UVC/P)

舉例：下表為台塑公司民國95年度簡易損益表。單位變動成本4元，損益平衡銷售點等於多少？

<table>
<tr><td colspan="3" align="center">台塑公司</td></tr>
<tr><td colspan="3" align="center">簡易損益表</td></tr>
<tr><td colspan="3" align="center">民國95年度</td></tr>
</table>

銷貨收入（五千個）		$100,000
銷貨成本		
固定	$20,000	
變動	<u>10,000</u>	(30,000)
銷貨毛利		$70,000
銷貨費用		
管理費用		
固定	$20,000	
變動	10,000	<u>30,000</u>
稅前淨利		<u>$40,000</u>

TR＝PQ ➡ $100,000＝P×5,000 ➡ P＝$20

Q=TFC÷(P-UVC)=$20,000＋$20,000÷($20-$6)= 2,143個

【如何能合理的建置原物料之安全存量？】

　　企業的財務人員都了解，原物料的積壓，越少越好，因為那表示現金的流動性越佳。但是站在生產者的角度，則希望原物料的備料越齊全越好，因為不必煩惱生產中斷的問題。

　　日本豐田汽車（Toyota）嘗試建立了「JIT系統」（Just In Time）來解決上述的困擾，其基於「衛星廠」的概念，去建構群聚的「汽車衛星城」，藉由資訊的交換，將「豐田」的庫存與供應商備料的前置期大幅縮短，進而降低資金的積壓成本。

　　而國內的電子業也群起效法，但其施行的成效卻是南轅北轍，其關鍵因素就在於：資訊透明化與主事者的心態。

　　也就是說，如果只抱持著「只掃門前雪」，一味地只想降低我方的庫存量，而「莫管他人瓦上霜」的話，那麼，供應商所面臨的問題不外乎就是應不應該與某企業繼續往來與偷工減料以求生存而已。

　　然而無論哪一種選擇，最終所付出的總成本仍是回歸到自己身上。所以，如何能創造真正的「三贏」？這是業主、供應商與最終顧客必須去嚴肅面對的課題。

Read More......

【現代管理思維】

大家都知道，現在是一個求新求變、快速流通的時代，但我們都真的跟上腳步了嗎？

的確！這是一件「知易行難」的事。

試想，為何只要一提起企業經營，首屈一指的絕對是美國企業！而台灣呢？卻永遠是中小企業的王國，這答案在於我們仍存在著太多舊式的思維了。

比方說，台灣絕大多數的企業（87%），屬於所有者經理人（Owner Manager），而非專業經理人（Professional Manager），所謂的「肥水不落外人田」，就是這個寫照。

再者，除了人事方面，大多數的企業也都停留在「傳統階層式」的組織架構下，對於外在環境的突然變化無法快速反應（小企業尚可）。

在資訊發達、教育普及的今日，管理知識垂手可得，但重點仍是主事者的心態。得過且過、缺乏目標者終將被淘汰，唯有不斷地學習思考進步的企業，才能走出光明，走向成功。

惠普、康柏合併之後

　　菲奧莉娜（Carly Fiorina），是那位曾經一手主導全球最大的電腦公司合併案，且曾風光地貴為惠普（HP）執行長，被譽為全世界最有權力的女人。有著明星般的外表是她的最大特色，但卻也於2005年1月黯然下台。雖然獲得了2,100萬美元的離職補償金，但對於她的人生事業來說，卻已然跌落谷底。

　　原本在全球個人電腦市占率以「康柏」（Compaq）為首（13%）、「戴爾」（Dell）居次（9.5%）、「惠普」第三（6%）。

　　2001年，菲奧莉娜於合併記者會上信誓旦旦地說，要創造一個年營收870億美元的公司，接著便將電腦部門與印表機部門合併。

　　然而，一連串強勢的作風雖然大大改善了「惠普企業文化」的老毛病，增加了營運效率及利潤提升，但這個神話似乎維持不了多久！

　　合併後一星期，「911事件」發生，使股價陷入低檔，來自內部的合併反對聲浪此起彼落，而外部又有Dell、IBM的夾攻，仍然改變不了個人電腦部門虧損的命運。

到了2004年，「惠普」個人電腦市占15%，但對手 Dell卻
飆升至19%，這些都助長了菲奧莉娜離職的命運。

　　然而印表機卻是「惠普」的強項，雖然Dell於2003年才跨
足該產業且成長迅速，但卻仍難與「惠普」並駕齊驅。新任的
執行長賀德（Mark Hurd）專長於成本及效率管理，到任以來，
雷厲風行地施行裁員和整併，期待「惠普」能從此煥然一新。

引用資訊文獻來源

the source

1. PRC Acctng財政部會計準則（2010），我國會計準則國際趨同走向縱深發展階段——財政部發佈《中國企業會計準則與國際財務報告準則持續趨同路線圖》解讀 http://app1.hkicpa.org.hk/APLUS/1007/APlus1007_44-47_PRC%20Acctng.pdf

2. 行政院金融監督管理委員會（2011），國際財務報導準則IFRSs介紹 http://www.twse.com.tw/ch/listed/IFRS/about.php

3. 經理人月刊NO.46（2008），王品案例全解析3個控管訣竅，穩固獲利模式 http://www.managertoday.com.tw/?p=1417）

4. 湯財文庫（2011），我如何把中國企業轟下市？ http://realblog.zkiz.com/greatsoup38/26572

5. 經紀人月刊（2008），理解財報的意義，才能避開陷阱！ http://www.managertoday.com.tw/?p=1112

6. 商周872（2004），吹牛公司最容易犯的10個錯誤。

7. 國立台灣大學會計學系（2009），IFRS的中小企業會計準則、大小會計準則分流以及與實務界與學界因應IFRS之全面採用。

8. 金融監製管理委員會（2012），推動我國採用國際會計準則宣導說明會Q&A。

9. 金融監製管理委員會（2009），IFRS宣導會Q&A。

10. 證券期貨局會計審計組（2011）推動IFRSs執行情形。

11. 華爾街日報（2007），公司舉債為股東帶來實惠。

12. 德明財經科技大學會計資訊系（2009），中小企業採用IFRS分流與合流之比較分析。

13. 聯合新聞網（2011），降低IFRS衝擊 金融資產擬列攤銷後成本 http://udn.com/NEWS/FINANCE/FIN4/6387508.shtml）

14. 金融監製管理委員會（2011），IFRS我國財務會計準則與國際會計準則之重大差異彙整。

15. 台灣證券交易所（2011），採用國際財務報導準則（IFRSs）後財務報告之重大差異 http://www.google.com/url?sa=t&rct=j&q=&esrc=s&source=web&cd=1&ved=0CDEQFjAA&url=http%3A%2F%2Fwww.twse.com.tw%2Fch%2Flisted%2FIFRS%2Fdoc%2Flearning%2F%257B8464092A-0A7F-BBAB-1BE9-9C3DE7EB1DD3%257D.ppt&ei=TzKzULyFOoHUmAX-vYGoBg&usg=AFQjCNFAgciWOZSnF8kUk6DLHMvabFIbfQ&sig2=bcL1bmu9PiJSW0PxuKhm5w

16. 台灣證卷交易所（2011），全面採用國際財務報導準則個案研究計畫 http://www.twse.com.tw/ch/listed/IFRS/doc/plandomestic/plandomestic01.pdf

17. 資誠會計師事務所，IFRS-financial-industry。

18. 資誠會計師事務所，IFRS-IT-distribution-channels。

19. 資誠會計師事務所，IFRS-semiconductor。

20. 資誠會計師事務所，IFRS對建設業的衝擊與挑戰。

21. 資誠會計師事務所，由內而外合併報表為主軸 http://www.microsoft.com/dynamics/zh/tw/ifrs/ifrs-connect-challenge.aspx

22. 行政院金融監督管理委員會，IFRSs認識國際會計準則國際宣導手冊。

23. 會計與公司治理第一卷 第二期p.15-37（2004），影響我國現階段全面採用國際會計準則之因素探討。

跨越出版沒門檻！實現素人作家夢！！

一本書·一個夢，為自己寫一本書！

非專職作家、首次出書……不知從何入手，
我們可以助你一步步地解決所有難題。
首度公開出書前沒人會告訴你的不敗祕辛！

── 出書不難，難的是如何開始 ──

已經有很多人都透過出書讓自己＆世界變得更美好，
你什麼時候才要跨出這一步？
只要你有專業、有經驗撇步、有行業秘辛、有人生故事……，
不論是建立專業形象、宣傳個人理念、發表圖文創作……
不必是名人，不用文筆很好，沒有寫作經驗……這些都不是問題

只要你願意，平凡素人也可以一圓作家夢！

★ 全國唯一保證出書的課程·教會你如何打造A級暢銷書 ★

寫書與出版實務班

台灣從事出版最有經驗的企業家＆華人界知名出版家

王擎天 博士

不藏私傳授

✓如何寫出一本書　　✓出版一本書　　✓行銷一本書

完整課程資訊請上
新絲路 www.silkbook.com 、華文網 www.book4u.com.tw 查詢
課程時間與地點將在報名完成後　由專人或專函通知您

躍身暢銷作家
的最佳捷徑

出書夢想的大門已為您開啟，全
球最大自資出版平
台為您提供價低質
優的全方位整合型
出版服務！

自資專業出版是一項新興的出版模式，作者對於
書籍的內容、發行、行銷、印製等方面都可依照個人意願進行彈性
調整。您可以將作品自我收藏或發送給親朋好友，亦可交由本出版
平台的專業行銷團隊規劃。擁有甚至是發行屬於自己的書不再遙不
可及，華文自資出版平台幫您美夢成真！

優質出版、頂尖行銷，制勝6點領先群雄：

制勝1. 專業嚴謹的編審流程　　　制勝4. 最超值的編製行銷成本

制勝2. 流程簡單，作者不費心　　制勝5. 超強完善的發行網絡

制勝3. 出版經驗豐富，讀者首選品牌　制勝6. 豐富多樣的新書推廣活動

詳情請上華文聯合出版平台：www.book4u.com.tw

台灣地區請洽：
歐總編 elsa@mail.book4u.com.tw

中國大陸地區請洽：
王總監 jack@mail.book4u.com.tw

我們改寫了書的定義

創辦人暨名譽董事長　王擎天
總經理暨總編輯　歐綾纖　　　印製者　家佑印刷公司
出版總監　王寶玲

法人股東　　華鴻創投、華利創投、和通國際、利通創投、創意創投、中國電
　　　　　　視、中租迪和、仁寶電腦、台北富邦銀行、台灣工業銀行、國寶
　　　　　　人壽、東元電機、凌陽科技(創投)、力麗集團、東捷資訊

◆台灣出版事業群　　新北市中和區中山路2段366巷10號10樓
　　　　　　　　　　TEL：02-2248-7896
　　　　　　　　　　FAX：02-2248-7758

◆北京出版事業群　　北京市東城區東直門東中街40號元嘉國際公寓A座820
　　　　　　　　　　TEL：86-10-64172733
　　　　　　　　　　FAX：86-10-64173011

◆北美出版事業群　　4th Floor Harbour Centre P.O.Box613
　　　　　　　　　　GT George Town, Grand Cayman,
　　　　　　　　　　Cayman Island

◆倉儲及物流中心　　新北市中和區中山路2段366巷10號3樓
　　　　　　　　　　TEL：02-8245-8786
　　　　　　　　　　FAX：02-8245-8718

全　國　最　專　業　圖　書　總　經　銷

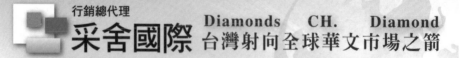

行銷總代理
采舍國際　Diamonds　CH.　Diamond
台灣射向全球華文市場之箭

☑發 行 通 路 擴 及 兩 岸 三 地　☑行 銷 團 隊 陣 容 堅 強　☑實 踐 最 大 圖 書 實 銷 量
洽詢電話(02)8245-8786 地址 新北市中和區中山路二段366巷10號3樓 WWW.SILKBOOK.COM

國家圖書館出版品預行編目資料

國際財報很好懂：從財務基礎到新舊制IFRS / 何建達、

胡國聞著. -- 初版. -- 新北市中和區：創見文化, 2013.06

　面；　公分. -- (優智庫 ; 50)

ISBN 978-986-271-340-2(精裝)

1.財務報表 2.財務分析

495.47　　　　　　　　　　　　　　　102004518

國際財報
很好懂！

The Guide to mastering IFRS

從財務基礎到
新舊制IFRS

國際財報很好懂：
從財務基礎到新舊制IFRS

出 版 者 ▶ 創見文化
作　　者 ▶ 何建達、胡國聞
品質總監 ▶ 王寶玲
總 編 輯 ▶ 歐綾纖
文字編輯 ▶ 馬加玲
美術設計 ▶ 李家宜

郵撥帳號 ▶ 50017206 采舍國際有限公司（郵撥購買，請另付一成郵資）
台灣出版中心 ▶ 新北市中和區中山路2段366巷10號10樓
電　　話 ▶（02）2248-7896　　　傳　　真 ▶（02）2248-7758
I S B N ▶ 978-986-271-340-2
出版日期 ▶ 2013年6月

全球華文市場總代理 ▶ 采舍國際
地　　址 ▶ 新北市中和區中山路2段366巷10號3樓
電　　話 ▶（02）8245-8786　　　傳　　真 ▶（02）8245-8718

新絲路網路書店
地　　址 ▶ 新北市中和區中山路2段366巷10號10樓
電　　話 ▶（02）8245-9896
網　　址 ▶ www.silkbook.com

線上pbook&ebook總代理 ▶ 全球華文聯合出版平台
地　　址 ▶ 新北市中和區中山路2段366巷10號10樓
主題討論區 ▶ www.silkbook.com/bookclub　　●新絲路讀書會
紙本書平台 ▶ www.book4u.com.tw　　　　●華文網網路書店
電子書下載 ▶ www.book4u.com.tw　　　　●電子書中心(Acrobat Reader)
創見文化 facebook https://www.facebook.com/successbooks

本書採減碳印製流程並使用優質中性紙（Acid & Alkali Free）最符環保需求。